生态统领 全域响应

生态文明建设的“宜丰示范”

武汉大学中国乡村治理研究中心课题组 著

环境就是民生，青山就是美丽，蓝天也是幸福。要像保护眼睛一样保护生态环境，像对待生命一样对待生态环境。

——2015年3月6日，习近平总书记在参加全国两会江西代表团审议时指出

绿水青山就是金山银山，贯彻创新、协调、绿色、开放、共享的发展理念，加快形成节约资源和保护环境的空间格局、产业结构、生产方式、生活方式，给自然生态留下休养生息的时间和空间。

——2018年5月，习近平总书记在全国生态环境保护大会上的讲话

绿色生态是江西最大财富、最大优势、最大品牌。党中央决定在福建、江西、贵州设立国家生态文明试验区，这是一项重大改革任务，目的就是依托你们的生态优势，做好治山理水、显山露水的文章。要加快构建生态文明体系，繁荣绿色文化，壮大绿色经济，创新绿色制度，筑牢绿色屏障，打造美丽中国“江西样板”。

——2019年5月22日，习近平总书记在江西考察工作结束时的讲话

“宜丰县生态文明建设实践与探索研究”课题组

学术顾问小组

高级顾问： 张　俊　解　鸳　贺雪峰　喻　军　谭国林

顾　　问： 刘献卫　曾　洪　王洪东　李品霞　胡　敏　刘淑洪　黄　煌　何贱来

课题研究小组

负 责 人： 吕德文

成　　员： 张雪霖　仇　叶　田　孟　雷望红　曾红萍　孙　敏　安永军　张丹丹　卢青青　崔盼盼　望超凡　王文杰

“大美生态，科技文明”新宜丰

官山国家级自然保护区

塔前金丝楠木林

黄檗山飞瀑

洑溪古树长廊

乡村风水林

天隐洞森林公园

双峰竹海

大丰水库 1

大丰水库 2 | 渊明湖景观

渊明湖库区

高速绿道

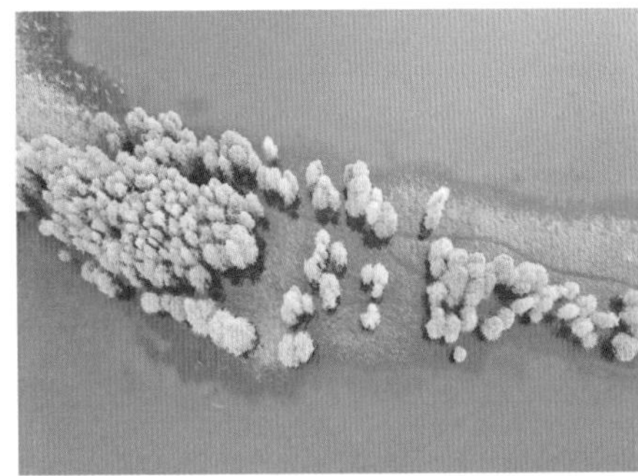

库区风光 | 枫岭梯田

桥西水杉林 | 古阳寨梯田

竹海耕耘

官山猕猴

赏孔雀

官山白颈长尾雉

航拍县城全景

县城全景　城东一景
城东街景

石市镇街景

古城新居——天宝乡集镇
城西街景
城东建设

绿色街景

县城夜景　　　　城北小区

县城夜景

县城“一河两岸”工程

东方禅文化园 | 南屏瀚峰文化园

新昌公园全景 | 沿河栈道

竹文化园

新昌湖湿地公园 | 耶溪河城南段

沿河景观

石市镇宋风刘家

新庄镇荷溪村

石市镇宋风刘家 | 同安乡禅镜洞山

石市镇茶苑土桥 | 新昌镇鱼乐新桥 1

黄岗山垦殖场七彩炎岭　|　澄塘镇茜坑新农村
芳溪镇红色庙前
天宝乡醉美平溪

新昌镇鱼乐新桥 2

昌铜高速

昌栗高速 | 大广高速 | 天宝高速互通 | 绿色高速路

浩吉铁路 | 浩吉铁路
光华大道
工业大道

宜铜高速

鼎盛微晶玻璃科创中心

迈丹尼智能家居

鹰美制衣厂

鲁盛富硒蔬菜产业园

永兴特钢新能源

百岁山食品饮料有限公司

九天国际生态旅游景区入口 | 九天溪院

黄岗山垦殖场炎岭村九趣乐园

乡村民宿　　农业观光旅游

中华情祥胜老年公寓　　九天峡谷漂流

曹洞宗祖庭——洞山禅寺全景

韩国僧人洞山寻祖

临济宗祖庭——黄檗禅寺

洞山村元代壁画

南屏公园——崇文塔

革命烈士纪念碑

夜合山塔林

陶渊明故里园

天宝古村全景

天宝古村——四季公祠

天宝古村——培根职业学校

生态文明网格化治理中心——生态警察中心（集中办公场所）

生态文明研讨会	生态展示馆
生态文明主题宣传月 1	生态文明主题宣传月 2
生态文化旅游节	生态文化活动

生态文明宣传——生态环保展示馆

学校开展垃圾分类争创文明小卫士

生态文明宣传活动

江西电视台宜丰专题节目 | 垃圾分类宣传

生态文明大讲堂 | 生态文明讲习所

国家生态文明建设示范县

中华人民共和国生态环境部

二〇一九年十一月

序

2007年，我在拙著《乡村的前途——新农村建设与中国道路》中，试图提出一个关于中国发展道路的新方案。这个方案的核心是建立一种“低消费、高福利”的现代生活方式。具体而言，就是以新农村建设为契机，重建农村生活方式，提高农民的主体地位和文化感受力，让农民分享到现代化带来的好处，过上体面而有尊严的生活。

彼时，国家还未提出生态文明建设战略，但新农村建设的中国道路显然是包括生态文明内涵的。因此，我有过畅想：希望重建田园牧歌式的生活，希望温饱有余的农民可以继续享受青山绿水和蓝天白云，可以继续享受家庭和睦和邻里友爱，可以继续享受陶渊明式的“采菊东篱下、悠然见南山”的休闲与情趣。

这些看似乌托邦式的畅想正在走向现实。一方面，中国经济发展一路高歌猛进，中国成了世界上GDP排名第二的大国。中国的城市化率也超过了60%，农民正在享受现代化带来的好处。另一方面，国家通过城乡融合发展和乡村振兴战略，进一步加强了对农村的建设。相当数量的农民保持了“半耕半工”的家庭生计模式，他们在享受城市化红利的同时，也保留了农村退路。这说明，田园牧歌式的生活并非触不可及，而是大多数农民可追求的目标。尤其是党的十八大以来中央把生态文明建设纳入“五位一体”总体布局中，这更是为农民“低消费、高福利”的生活方式奠定了坚实基础。

近些年来，宜丰县以建设“大美生态、科技文明”的新宜丰为目标，通过生态文明建设统领县域经济社会发展，取得了卓有成效的成绩。在我看来，生态文明建设的“宜丰启示”，其核心在于它走出了一条适合中西部实际情况的统筹生态、经济和社会发展“低消费、高福利”的模式。

首先，生态文明建设是一场治理革命。将生态文明融入地方经济社会发展的全局中，意味着地方发展和治理需要走出唯GDP论的路径依赖，在以经济建设为中心，提高政府公共服务水平的同时，着力提高生态建设水平。宜丰县全县上下达成了绿色引领共识，构建了绿色发展、绿色治理和绿色生活的“三位一体”体系，堪称县域发展的治理革命。这一革命当然意味着阵痛，但也为当地的可持续发展奠定了良好基础。

其次，生态文明建设是城乡融合发展的有效抓手。现阶段，县域社会是城乡融合发展最为基本的单元，它既要处理城市化、工业化所带来的环保问题，又要处理农民生产生活方式改变所带来的生态承载力问题。宜丰县在生态文明建设过程中，探索出了一条调节“大生态”和“小环保”关系的有效路径。一方面，通过经济生态化和生态经济化两条腿走路，从根本上解决环保问题；另一方面，在交通、休闲、养老等方面引导人们养成符合生态文明要求的新生活方式。所谓的“低消费、高福利”的生活方式，并不是要退回到小国寡民的农耕生活形态，而是要让人们可以经济地兼顾城乡，实现生活方式的城乡融合。

再次，生态文明建设亦是把农村建设成中国现代化稳定器和蓄水池的必由之路。过去多年来，农村发挥着中国现代化稳定器和蓄水池的作用，“三农”的压舱石作用越发重要。我以为，中国的现代化需要在发展极和稳定极之间保持均衡。城市发展越是高歌猛进，农村的稳定器功能就越是重要。在某种意义上，生态文明建设之所以重要，在于生态安全是非传统安全的重要领域，关系到农村这个蓄水池的涵养能力。宜丰县以生态文明建设统领县域发展，采取有力措施保护生态，并建立了良好的休闲、养老、丧葬秩序，为保护区域范围内的生态安全，稳定农民的生活，做出了表率。

受宜丰县委、县政府的委托，武汉大学中国乡村治理研究中心组建了精干的研究团队，深入宜丰县的村庄、企业、政府部门和项目基地展开了调研，写作了《生态统领　全域响应——生态文明建设的“宜丰示范”》一书。这本书资料翔实，见解独到，对宜丰县生态文明建设经验做了全面总结。我相信，随着全国生态文明建设的全面推进，“宜丰示范”的经验启示和政策意义必定彰显，其理论意义也将持续显现。

是为序。

贺雪峰

（武汉大学社会学院院长、

中国乡村治理研究中心主任）

前　言

近年来，宜丰县按照美丽中国“江西样板”的目标要求，着力创建生态文明建设的“宜丰示范”。为全面总结提炼宜丰县生态文明建设的经验成果，武汉大学中国乡村治理研究中心专门组建了课题组，开展专题研究工作。课题组由14名研究人员组成，贺雪峰教授任顾问，吕德文研究员任组长。

2019年12月8日～23日，课题组赴宜丰县开展实地调研。调查期间，课题组和宜丰县委、县政府的主要领导及分管领导进行了座谈，访谈了近30个县直部门和各乡镇（场）的领导和相关工作人员，实地走访了部分企业、村和项目点，收集了大量的第一手资料。课题组采取白天调查，晚上讨论的工作机制，对生态文明建设的“宜丰示范”进行经验提炼。2020年2月，课题组完成了研究报告的撰写工作。2020年3～5月，课题组对研究报告进行修订，几易其稿，形成了《生态统领　全域响应——生态文明建设的“宜丰示范”》一书。本书的撰写工作，具体分工如下：导言（张雪霖、吕德文），第一章（雷望红），第二章（卢青青、孙敏），第三章（曾红萍），第四章（张丹丹），第五章（望超凡），第六章（安永军），第七章（吕德文），第八章（仇叶），第九章（张丹丹），第十章（仇叶、王文杰），结论（吕德文）。全书的写作思路、框架结构确定和统稿工作，由吕德文、张雪霖、仇叶三人完成。

本书的完成得益于宜丰县委、县政府的大力支持，以及宜丰县广大干部和群众的智慧贡献。宜丰县各级党委、政府和职能部门“全开放、不干预、纯学术”的实事求是精神，是本书有学术质量的前提。宜丰县生态文明建设办公室承担了课题组调查期间的协调、材料统筹和后勤保障工作，为课题组高效完成研究任务奠定了基础。宜丰县生态文明建设办公室主任刘献卫还对书稿修订提出了颇有见地的意见，为本书增色不少。

感谢社会科学文献出版社的任晓霞女士，她认真而高效的工作保证了本书的顺利出版。

吕德文

2020年6月29日

目录

CONTENTS

导言　绿色引领“三位一体”模式

党的十九大指出，生态文明建设是关系中华民族永续发展的千年大计，必须坚定走生产发展、生活富裕、生态良好的文明发展道路，建设美丽中国。十九届四中全会将坚持和完善生态文明制度体系作为坚持和完善中国特色社会主义制度、推进国家治理体系和治理能力现代化的重大任务。2016 年，中共中央、国务院发布《关于设立统一规范的国家生态文明试验区的意见》，推进和规范生态文明体制改革综合试验，完善生态文明制度体系，江西、福建、贵州被确定为第一批国家生态文明建设试验区，宜丰县为江西省首批生态文明先行示范县。近年来，宜丰县在建设“大美生态、科技文明”新宜丰的发展目标下，着力打造美丽中国“江西样板”的“宜丰示范”，获得了国家生态文明建设示范县、全国农产品质量安全县、中国最美县域、最美中国旅游县、全国森林康养基地建设试点县、美丽中国 · 深呼吸小城高质量发展试验区等“国字号”生态文明荣誉。宜丰县在生态文明制度建设、生态保护、生态环境治理、生态产业发展和生态文明宣传等方面都进行了积极探索，取得了显著成效。

一　“宜丰示范”的背景及经验内涵

正所谓“郡县治，则天下安”，县是国家治理体系中最为完整的基层治理单元，是“五位一体”和“四个全面”战略的实施主体。最近几年，县一级在污染防治攻坚战中发挥了中流砥柱的作用，为生态文明建设做出了重要贡献。县作为完整的生态环境、经济发展与社会治理单元，需要综合多元目标，实现上级政策与地方社会实际相结合。在这个意义上，县一级是重要的政策转化单元，是执行因地制宜政策转化的关键。在生态环保硬约束和经济发展强压力之下，围绕着如何打通绿水青山和金山银山的双向转换通道，将生态优势进一步转化为发展优势，探索中部地区绿色崛起新路径，宜丰县给出了自己的方案。

宜丰县位于九岭山脉南麓，因“炎凉适宜、物阜民丰”而得名，是镶嵌在江西省西北部的一颗璀璨的生态明珠。全县土地面积1935平方公里，人口30万人，下辖16个乡镇（场）、236个村（社区），呈“七山半水分半田、一分道路和庄园”的地貌特征。该县属中亚热带温暖湿润气候区，年平均气温17.2摄氏度，年降雨量1720.6毫米。宜丰位于江西、湖北、湖南三省省会城市的中心，三地到宜丰的车程均在3小时以内，5条高速公路和浩吉（蒙华）铁路经过宜丰。宜丰县境内海拔1000米以上的山峰有30多座，森林覆盖率71.9%。活立木蓄积量1076.45万立方米，野生植物（树木）里有许多珍贵品种，被列为国家保护品种的有27种，被列为省重点保护品种的有48种。林地面积达到211.2万亩，竹林面积87.23万亩，活立竹蓄积量1.2亿株，居全国第三位、全省第一位。珍禽异兽被列为国家一、二类保护品种的有29种，被列为省重点保护品种的有13种。水资源总量为25亿立方米，水能理论蕴藏量7.3万千瓦。

宜丰是中国“竹子之乡”“猕猴桃之乡”“寒兰之乡”“南

方红豆杉之乡”“白颈长尾雉之乡”“中华蜜蜂之乡”，是“陶渊明故里”和“禅宗祖庭曹洞宗、临济宗发祥地”。该县拥有地球上同纬度原始森林封存最久、保护最好的保护区——官山国家级自然保护区，空气负氧离子含量超过5000个/立方厘米，其中官山国家级自然保护区超过10万个/立方厘米，被誉为“天然氧吧”。宜丰县自然生态环境优越，官山国家级自然保护区即将成为全国首个熊猫川外重引入之地。境内河道纵横，水质优良，主要河流监测断面水质全部在Ⅲ类水以上。中国佛教南禅五宗的曹洞宗、临济宗发祥于境内的洞山和黄檗山。中国田园诗鼻祖陶渊明出生于宜丰，境内的天宝古村是中国历史文化名村，被誉为“江西第一古村”。宜丰县有国家级生态乡镇11个、省级生态乡镇15个、省级生态村16个。宜丰县矿产资源丰富，正在开采的矿藏有22个，其中省级矿5个、市级矿16个、县级矿1个，目前开工生产的主要为2家矿泉水和3家含锂瓷土矿。

2016年以来，作为昌铜高速生态经济带核心区域的宜丰县，坚持以国家生态文明试验区建设为统领，立足当地良好的生态环境和自然资源优势，确定了“大美生态、科技文明”新宜丰的发展战略，打造以科技创新为主导的生态“3+1”产业发展模式，聚焦绿色产业发展，助推产业绿色升级，力争将生态优势转化为发展优势，激发绿色发展的内生动力。紧扣“大美生态、科技文明”新宜丰发展战略，宜丰县积极培育壮大绿色高效储能系统制造产业、绿色装饰材料产业、绿色食品饮料产业三大优势产业，初步形成了产业链较为完备、带动作用明显、区域品牌突出的新型工业发展体系。同时，宜丰县积极探索发展“生态+大健康”产业，努力把宜丰建设成辐射南昌、武汉、长沙城市经济圈的“文化创意及区域旅游休闲颐养中心”。由于生态文明建设是一个长期性、系统性工程，需要规划目标，分重点、分步骤、分阶段实施和渐进推进。宜丰县委、县政府高度重视生态文明建设工作，以生态文明制度体系建设为引领，统筹推进绿色发展、绿色生活与绿色治理。2019年，宜丰县成功入选第三批国家生态文明建设示范县，为国家生态文明试验区建设贡献“宜丰示范”。

我们认为，“宜丰示范”的核心是形成了绿色引领县域发展的有效路径（见图0－1）。具体而言，生态文明建设有机融入了县域发展的各方面和全过程，在“大美生态”引领下，形成了绿色发展、绿色治理和绿色生活的“三位一体”模式。

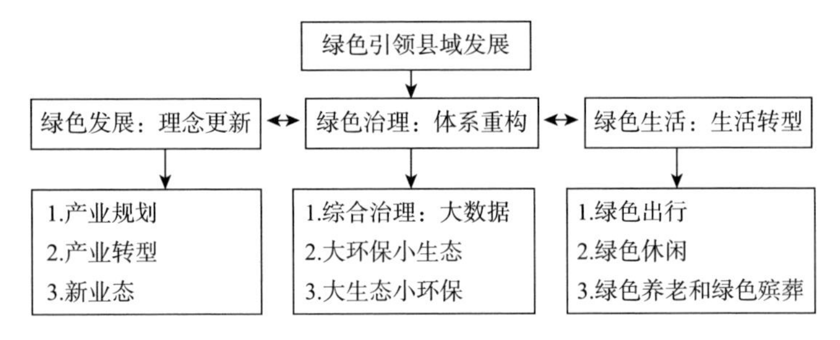

图0－1　绿色引领县域发展的“三位一体”模式示意

“三位一体”模式的经验内涵包括以下四点内容。

（一）“一体”：绿色引领

长期以来，我国是一个有鲜明特色的赶超型国家。在以经济建设为中心的发展理念下，以GDP为代表的经济发展指标引领了县域发展。在过去以GDP论英雄的时代，资源保护要为经济发展保障助力，政府各部门要为招商引资和企业项目落地一路亮绿灯。宜丰县地处中西部欠发达地区，招商引资区位优势及竞争力需要提升。党的十八大报告提出：“把生态文明建设放在突出地位，融入经济建设、政治建设、文化建设、社会建设各方面和全过程。”自此，生态文明建设被纳入了中国特色社会主义“五位一体”总体布局，被提高到了前所未有的高度。党的十九大提出了“为把我国建设成为富强民主文明和谐美丽的社会主义现代化强国而奋斗”的战略目标，生态文明建设成为中国特色社会主义建设新征程的重要组成部分。党的十八大以来，尤其是2015年10月宜丰县被确定为江西省生态文明先行示范县以来，宜丰县干部群众达成了“绿色崛起”共识，将“大美生态、科技文明”新宜丰确定为县域发展的总目标，生态文明建设成为统筹县域发展的重要抓手。生态文明建设不仅引领了产业发展，还引领了基层治理体系重构和农民生活方式转型，融入了县域发展的各方面和全过程。

（二）“三位”之一：绿色发展

生态环保是一把尺子量天下。2016年1月，中共中央、国务院启动了中央环境保护督察机制，2018年8月，中央环境保护督察机制改名为中央生态环境保护督察。中央生态环境保护督察的开启，给地方经济发展上了紧箍咒。由于我国区域间发展不平衡，不同区域的生态环境与资源禀赋条件，以及面临的主要矛盾是不同的。对于广大中西部欠发达地区而言，经济发展是底线，保护好青山绿水，并不意味着不要发展。在这种背景下，宜丰县在新时代面临生态环保硬约束与经济发展强压力的双重目标。为此，宜丰县委、县政府积极谋划，通过生态“3+1”的产业规划，用经济生态化和生态经济化两条腿走路，强调绿色发展、可持续发展，坚定走生产发展、生活富裕、生态良好的文明发展道路，形成了人与自然和谐的格局，找到了将绿水青山转换为金山银山的有效机制。

（三）“三位”之二：绿色治理

生态文明制度体系建设是坚持和完善中国特色社会主义制度、推进国家治理体系和治理能力现代化的重要组成部分。宜丰县在生态文明建设工作中，探索了将生态环境治理和县域治理有机结合的绿色治理体系。宜丰县委、县政府研究制定了《关于深入贯彻落实〈国家生态文明试验区（江西）实施方案〉的实施意见》，将生态文明建设工作的目标任务进行了细化，明确了责任单位和实施时间。宜丰县第十五次党代会上确立了建设“大美生态、科技文明”新宜丰的工作目标，县委十五届三次全会专题研究部署生态文明建设工作，研究通过并印发了《关于探索国家生态文明试验区建设宜丰解决方案的实施意见》。为落实生态文明示范建设工作，宜丰县成立了高规格的县生态文明建设工作领导小组，以县委书记为组长、县长为第一副组长、相关县领导为副组长、县直55个部门主要领导和各乡镇（场）党委书记为成员，领导小组下设若干专项工作组，实行县领导分别牵头的部门联席会议制度，形成了领导小组统筹协调、专项工作组具体推进的生态文明建设领导工作机制。尤其值得指出的是，2016年12月，上级批复设立宜丰县生态文明建设办公室（县生态办），2017年9月单独组建成立了县生态文明建设办公室，为县政府直属正科级事业单位，明确了其主要职责、内设机构和人员编制。专职工作机构的设立，为推进全县生态文明建设工作提供了有力的组织保障。目前，县生态办在编在岗人员7人，工作经费由县财政全额保障。如此，宜丰县形成了制度保障、高位推动、领导有力、组织健全的绿色治理体系。

（四）“三位”之三：绿色生活

目前，我国的城镇化率已经达到60%。宜丰县亦处于快速城镇化过程中，“半城半乡”“半工半耕”的城乡融合特征日益突出。宜丰县在生态文明建设过程中，尤其重视构建美好生活的新风尚。比如，为了让人们适应“半城半乡”“半工半耕”的生产生活，宜丰县积极构建城乡融合的公共交通体系，既方便了群众，又引导了绿色出行；针对农民闲暇时间不断增多，对休闲活动和休闲空间需求不断增加的现实，在进行县城规划时非常重视公园、广场等公共休闲场所建设，全民健身已经成为宜丰县的一股潮流；针对农村留守老人不断增加以及“空心村”现象的现实，宜丰县积极引导乡风文明建设，在建立多元化养老体系和绿色殡葬等方面，进行了极具示范意义的探索。

二　绿色发展：绿色GDP的崛起

由于生产销售早已突破地域性市场，企业需要面对来自全国性的统一市场，乃至全球性同类产品市场的竞争。而生态环保成为硬约束后，企业治污成本增加，这相当于企业的生产成本上升，加剧了中西部欠发达地区企业发展的脆弱性与敏感性。对于地方政府而言：一方面，要执行中央的环保政策；另一方面，又要让地方企业加快发展。生态环保的硬约束和经济发展的强压力激发了宜丰县委、县政府探索绿色发展路径的内生动力，宜丰县逐渐形成在生态“3+1”产业规划引领下，推动构建以生态经济化、经济生态化为主体的绿色发展体系。

（一）绿色产业规划：生态“3+1”产业

①生态“3+1”产业发展模式。宜丰县委、县政府具有较强的产业规划意识与产业规划能力，推动了县域经济由放任型产业发展向规划型产业发展转型。宜丰县委、县政府立足当地的工业基础、资源禀赋条件和充分的市场调研，因地制宜地制定了以科技创新为主导的生态“3+1”产业发展模式，并编制了《绿色产业发展指导目录》，主要内容为三大绿色产业加一个中心。首位产业为绿色高效储能系统制造与电子信息产业，以永兴新能源、江西齐劲新材料有限公司为龙头企业。目前，首位产业聚集度已经达至57.8%，宜丰县荣获“绿色高效储能产业集群基地”称号。主攻产业为绿色新型装饰材料产业和绿色食品饮料产业。绿色新型装饰材料产业有108家企业，以江西鼎盛微晶新材料有限公司（简称“鼎盛微晶新材料”）、迈丹尼高端家具定制为龙头企业。其中，鼎盛微晶新材料建成了全球首条浮法微晶生产线，该企业的尾矿微晶装饰材料研发项目被列入全省创新驱动“5511”工程。绿色食品饮料产业有10家，以江西百岁山食品饮料有限公司（简称“百岁山”）、深圳景田宜春食品饮料有限公司和正邦油茶为龙头企业。宜丰县“生态+大健康”产业蓬勃发展，与珠海天沐集团合作的旅游康养温泉、与江西省旅游集团合作的天宝古城开发和与湖南皙悦文化传媒有限公司合作的东方禅文化园及竹文化园等开发项目全面推进，逐步打造文化创意及区域旅游休闲颐养中心。

②招商引资绿色化与精准化。宜丰县委、县政府在编制《绿色产业发展指导目录》的同时，根据生态环保要求制定了《企业限入与禁入负面清单》，从着力推动招商引资向招商选资转变，以使招商引资绿色化、精准化。2019年，宜丰县委、

县政府出台了《关于2019年宜丰县高质量发展生态“3+1”产业招商引资工作实施意见》，突出强调重点产业招商、重大平台招商、重点区域招商，“一把手”带头招商。《宜丰县人民政府办公室抄告单》（宜府办抄字〔2018〕243号）规定了入园工业项目的资格：满足国家产业政策、环保和安全生产准入要求；一次性固定资产投资在2000万元以上；投资不少于300万元/亩，年均税收不少于5万元/亩。同时，宜丰县引导财税、金融、投资等资源向重点绿色产业倾斜，按照强链、补链、延链要求，着力引进战略性新兴产业，突出新能源、新材料、大健康、大数据、现代服务业和现代农业招商与产业链生态培育。

③创新绿色招商模式。2019年，宜丰县委、县政府进一步在县工业园区（电子信息产业区）内开展“标准地”试点工作，颁发《宜丰县关于开展企业投资项目“标准地+”改革工作试点的实施方案》，在总结试点经验后，出台《宜丰县人民政府办公室关于印发宜丰县企业投资项目“标准地+承诺制”改革实施方案（试行）的通知》（宜府办字〔2019〕83号）。宜丰县通过积极探索企业投资项目“标准地+”改革试点，在重点区域建立“事先做评价、事前定标准、事中做承诺、事后强监管”的“标准地”出让制度，推动市场在土地资源要素配置中发挥决定性作用，形成了可复制、可推广的“标准地+承诺制+代办制+代建制”改革模式。关于标准地的出让，宜丰县编制了控制性指标体系，这一指标体系包括规划指标、环境指标、能耗指标和经济指标。

（二）经济生态化：产业转型升级

宜丰县在推进生态文明建设过程中，一方面面对工业产业进行污染治理与企业发展两手抓，以行政服务引导和推动本地企业绿色转型，实现经济的可持续发展；另一方面对中小企业采用分类治理的方式，兼顾生态治理与社会民生，实现社会的稳定有序运转。

①淘汰落后产能与政府服务促进转型。2019 年宜丰县出台污染防治攻坚战淘汰落后产能专项行动实施方案，其总体目标是以钢铁、煤炭、水泥、平板玻璃、造纸等行业为重点，通过完善综合标准体系、强制性标准体系和严格常态化执法，促使一批能耗、环保、安全、技术不达标，生产不合格产品或应被淘汰的企业，依法依规关停退出，确保环境质量得到改善，产业结构持续优化升级。在淘汰落后产能与治理工业污染的同时，宜丰县委、县政府还积极主动为企业提供服务，引导与帮助企业转型升级。宜丰县委、县政府在企业转型升级所需的生产技术、研发平台、知识产权规划等方面提供支持，如积极与省内外高等院校合作，引进一批高层次专业人才，创建院士、博士后工作站，引导更多国家和省级重点实验室、工程技术中心落户宜丰，助力产业转型升级。2019 年，宜丰县共有入库备案科技型中小企业 40 家，被认定为国家高新技术企业的 19 家，有效期内国家高新技术企业共有 32 家。

②搭建工业循环经济体系。传统的小农社会形成的是人－田－家禽－自然之间的自循环系统，能实现自然平衡，绵延上千年。垃圾是放错位置的宝贝，如何变废为宝，关键还是要重建工业社会的在地化循环经济体系。宜丰县委、县政府积极主动为企业与大学科研院所进行对接提供条件，促使产学研一体化，搭建在地化的循环经济体系。经过不懈努力，依托绿色高效储能系统制造产业，宜丰县的工业园区孵化出以提炼回收废旧铅酸蓄电池中的铅泥为主的江西齐劲新材料有限公司，该公司由本地几家生产蓄电池的企业联合投资 20 亿元设立。绿色

装饰材料产业存在大量固体废料和边角料等工业尾矿，为了更好地利用这些工业尾矿，变废为宝，孵化出微晶装饰材料研发项目，建成了全球首条浮法微晶材料生产线。

③“散乱污”企业的“三个一批”治理。宜丰县是中国毛竹之乡，当地竹木加工类企业较多，这类企业大多属于劳动密集型的“散乱污”家庭作坊式企业，但每家企业都能吸纳20～100人就业，具有较强的社会效益。同时，这些企业也可以就地消化当地的毛竹，避免多年不砍毛竹而使其材质变差。因此，当地毛竹加工企业与工人间形成了一条经济效益、社会效益与生态效益兼顾的生态链。如果对这些“散乱污”企业采取简单粗暴的“一刀切”取缔关停政策，将会造成严重的社会后果。为此，宜丰县创造性地采取“三个一批”分类治理方案。截至目前，宜丰县共排查出“散乱污”企业168家，绝大多数企业已完成整改，少数企业正在按规定推进整改。其中，拟关停取缔类74家，已完成69家，整改完成率93.2%；拟整合搬迁类2家，已完成1家，整改完成率50%；拟升级改造类92家，正在有序推进升级改造中。全县所有造纸企业均已关闭。

（三）生态经济化：生态+大健康产业培育

1. 做强生态农业

宜丰县编制了《绿色有机产业发展规划》，整体推进有机农业产业发展，实施生态农业提升行动，推进现代农业示范园建设，全域打造休闲观光农业，加快推进农业转型升级，做大做强绿色有机产业，以实现农业更强、农村更美、农民更富的目标。目前宜丰县通过认证的绿色有机原料基地52.5万亩，“三品一标”产品认证126个，全县建成高标准农田25.4万亩，市级以上龙头企业达23家，农民合作社704家，家庭农场达 230 家。

2. 做优生态旅游业

宜丰县全面实施乡村振兴战略，出台了《关于实施乡村振兴战略的意见》，打造了“宋风刘家”“七彩炎岭”“醉美平溪”“鱼乐新桥”“禅镜洞山”“红色庙前”“茶苑土桥”“兰韵杨门桥”等秀美乡村建设示范点。围绕创建国家全域旅游示范县，宜丰县挖掘绿色、红色、古色生态文化资源，立足生态、禅宗、古村、人文等资源优势，先后打造洞山禅修养生中心、天宝古城、南屏翰峰文化园、洑溪古树长廊、塔前金丝楠木群等特色景点。

3. 培育休闲颐养产业

宜丰县以培育养生养心、农家式养老、休闲度假等新业态为抓手，积极推进“生态 + 大健康”产业发展。“中华情老年公寓中心”第二期项目稳步推进，并形成了棠浦镇高家村养老中心等一批乡村养老新模式，九天溪院中医药养生园项目已竣工营业。宜丰县建成自行车健身绿道达 22. 08 公里，建成江西物华（义乌）国际商贸城，建成“益农信息站”“村邮乐购”网点 273 个，完成电商交易额 12829. 8 亿元。

三　绿色治理体系的建构

生态环境治理，涉及的点多、面广、线长，治理对象与治理主体都比较分散，且水、空气具有流动性和负外部性特征，仅仅靠单一部门或属地治理都有可能陷入失灵的困境。为了解决传统的基层治理体系与生态文明建设之间的矛盾，宜丰县委、县政府探索以“大数据 + 生态警察中心”为引领的绿色综合治理体系，实现了由被动治理向主动治理转变、由末端治理向源头治理转变、由分散治理向联防联治转变。

（一）治理体系变革：大数据 + 生态警察中心

1. 生态警察中心

宜丰县的生态警察中心是生态环境问题的综合管控机构，在地方政府积极探索下形成了“1 + 13 + N”生态综合管控格局。“1”即生态警察中心，负责组织、实施全县生态环境问题网格化综合管控工作，指导、协调、督查、督办各派驻单位环境问题综合整治，针对环境突出问题和群众反映强烈、社会影响恶劣的环境污染问题进行联合执法。“13”，即整合公安、环保、自然资源、住建、城管、水利、市监、农业、林业、应急管理、工信、森林公安、畜牧水产 13 家生态环境管控重点单位相关职能。同时，在县公安局内部成立环境侦查大队，加强行政执法与刑事司法整合，加强环境犯罪案件侦办，震慑环境违法者。“N”，即建立多个单位参加的联席会议制度。由生态警察中心牵头，定期、不定期召开有关乡镇（场）、部门单位联席会议，通报、研判生态环境管控问题，形成推进工作的合力。

2. 环境信息化平台

生态警察中心还建成了一个集生态环境信息收集、传输、分析、预警、上报于一体的环境信息化综合平台，采取“大数据 + 生态警察中心”综合治理模式，做到了“三个实现”。一是实现全时段全领域实时监控。将全境地表水自动监测、空气自动监测、重点污染源在线监控数据和视频全部纳入生态警察中心信息平台，把分散在各业务部门的数字城管、林区探头等 18 项监控数据和视频导入生态警察中心信息平台，打造了全天24小时不间断监管生态环境的“智慧云”。二是实现多功能集成化分析预警。监管平台通过环境数据质量控制预警系统、环境应急指挥调度决策系统等11个子系统，应用大数据精准分析、适时预警，工作人员及时处置，有效防止了生态环境问题的发生。三是实现开放式智能化终端使用。生态警察中心依托信息系统，开发生态环境管控App，生态环境执法人员自动接收预警信息，实时掌握监控状态，还可以下达监控指令、上传现场处置情况。企业、百姓也可登录该App，随时反映生态环境问题，形成了生态环境管控上的双向互动。

3. 网格化服务管理中心

宜丰县为加快推进社会治理体系和治理能力现代化建设，提升生态文明建设精细化管理水平，在学习借鉴北京“街乡吹哨、部门报到”经验的基础上，决定开展生态文明建设网格化管理改革工作。立足县情实际，宜丰县整合各类资源，打破部门樊篱，优化机构设置，将现有的生态警察中心平台升级为生态文明建设网格化服务管理中心，各乡镇（场）成立乡镇（场）生态文明建设网格化管理大队，依法处理授权清单内的生态文明建设方面的问题。网格化管理进一步激发了改革活力，形成了社会治理的“大网格套小网格”。宜丰县制定《生态文明建设网格化服务管理中心实施方案》，将单一的生态环境管控升级为以生态文明建设为引领的社会治理体系模式。根据网格划分情况，宜丰县设立生态文明建设“网格长”，将“网格长”全部纳入乡镇干部绩效考核体系和村组干部专职化管理改革体系，明确其职责。宜丰县对全县网格进行统一调度，强力推行“社区吹哨、部门报到”制度，结合党建“三化”，同时与服务群众相结合，逐步将生态文明建设网格化服务管理中心打造成社会治理的集中指挥、集中调度、集中监管的网格化服务管理中心。

（二）大环保小生态：城市生态环境治理

1. 实施大气污染治理

宜丰县严格执行《宜丰县大气污染防治行动计划实施方案》，推进“四尘三烟三气”污染综合治理，推进了燃煤小锅炉淘汰工作，淘汰关停燃煤小锅炉47台，改造升级燃烧生物质散料锅炉31台，建成天然气主管网30多公里，完成煤改气企业达到34家，发放煤改气工程补助款60余万元，园区天然气用量日均11万立方米，每天减少标煤量70多吨。中心城区10蒸吨及以下燃煤锅炉19台，其中15台完成煤改气或空气能（清洁能源）改造，4台被拆除，完成率100%，拆除旧锅炉16座。淘汰黄标车和老旧机动车1387辆，所有加油站都装了油气回收装置。推进城区空气质量监控，实时监控县城PM2.5等情况。淘汰落后产能，关闭煤矿16处，退出产能62万吨，率先在全市完成煤矿全部关闭任务。全面落实建筑工地扬尘治理“六个百分之百”要求，即周边百分之百围挡、渣土物料堆放百分之百覆盖、土方开挖百分之百湿法作业、路面百分之百硬化、出入车辆百分之百清洗、渣土车辆百分之百密闭运输，完善了安全文明施工和扬尘治理制度。提高了城市道路清洗作业水平，使用吸尘或机械清扫车辆进行道路机扫作业，主要车行道机扫率在60%以上。加强餐饮油烟污染管控，建立了城区餐饮行业联审联批制度和年度审查制度，已安装油烟净化设施的餐饮单位共129家。

2. 实施水环境治理

宜丰县全面实施“五水共治”（河水、库水、塘水、生活污水、工业废水共治），打造“河长制”的“升级版”，在全省率先实行“河湖长制”，配备“河湖长”共378人。积极推进工业园区污水集中处理设施和配套管网建设，已完成污水主、支管网建设，总里程达46.5公里，实现了园区污水主管网全覆盖，已有纳管企业187家，35家涉水重点企业在线监控全部安装完成且联网运行，污水做到了应纳尽纳；重点行业（铅酸蓄电池、化工、铝型材、陶瓷企业）均建设了污水处理站，安装了在线监控设施并联入县平台或省平台运行，其中7家铅酸蓄电池企业均进一步规范厂内雨污分流；工业园区投入资金100万元在5个雨水总排口位置完成在线监控设施安装并与县在线监控平台联网。污水处理厂一期工程（设计处理能力1万吨/日）已通过环境保护竣工验收，日均处理污水达9100吨。二期工程（设计处理能力1.5万吨/日）项目于2018年年底启动，目前已完成主体结构建设和室外工艺管网，设备已到50%，正在安装中。

3. 实施土壤污染治理

宜丰县开展土壤重金属污染专项治理，制定出台《宜丰县固体废物管理暂行办法》，严控重点重金属污染物排放总量，完善危险废物档案数据库管理，把危险废物纳入了全流程监管。目前辖区内涉危险废物的工业企业有47家，1家危废经营单位，医疗废物全部由宜春市奉先德业医疗处置有限公司进行无害化处理。加大农业面源污染综合治理力度，全面划定畜禽养殖禁养区、限养区和可养区，对位于禁养区和部分整改不到位的非禁养区的养殖场采取了拆除措施，实现禁养区“零养殖场”。目前，全县可养区、限养区保留的45家规模化养殖场，已全部完成配套治污设施建设，其中大型规模养殖场因场施策，分别采用不同的处理方式、技术路线建设粪污净化处理设施，实现达标排放或资源化利用；其他养殖场建好“三改三防一分流”粪污收集设施，由第三方收运集中处理，实现畜禽粪污资源化利用整县推进。全县规模养殖场粪污处理设施装备配套率在95%以上，畜禽粪污综合利用率在85%以上。建成病死畜禽无害化处理中心，实行全程电子化监管。推进了污染地块治理工作，对铅超标的杨梅塘自然村污染地块开展污染治理，制定了《宜丰县杨梅塘重金属污染治理项目实施方案》，已完成修复治理和验收工作。

4. 实施城镇生活垃圾强制分类试点

宜丰县坚持“政府主导，企业运作，全民参与”的原则开展生活垃圾分类和减量工作，获省主要领导表扬，被定为省级农村垃圾分类和资源化利用工作试点县。宜丰县具体采取厨余垃圾、有毒有害垃圾、可回收垃圾和其他垃圾的“四分法”，并探索建立与县财力相适应的生活垃圾分类收集、分类运输和分类处理体系。宜丰县在金领国际小区、电力花苑小区、翠竹御景小区先后启动了生活垃圾智能分类试点工作。宜丰金领国际小区生活垃圾分类项目入选中国城市环境卫生协会主办的“2018年度公厕和垃圾分类示范案例”征集活动“生活垃圾分类入选案例”，于2018年11月2日在江苏省南京市中国环境卫生国际博览会暨2018环卫及清洁技术与设备国际展览会上发布。

（三）大生态小环保：乡村生态环境治理

1. 林业综合治理

宜丰县加强对森林资源的保护、管理和建设，在全国率先“立规矩”保护天然阔叶林，先后出台了《关于保护天然阔叶林资源的暂行规定》《宜丰县保护天然阔叶林资源实施细则》《宜丰县全面禁伐天然阔叶林和保护古树名木的通知》，在全省率先实施“三禁伐、两限伐”政策，主动调减木材砍伐指标。宜丰县划定公益林70多万亩，占全县林地的三分之一。宜丰县积极运用“互联网+”工作理念，建成了全国首个“林区全覆盖监控天网”——林区监控中心，用“鹰眼”守护宜丰百万亩“林海”，极大地提升了保护森林生态资源安全的能力。宜丰县推行“林长制”，探索推进天然林保护“绿色综合治理”，出台了《关于在天然阔叶林刑事案件办理中强化生态保护服务绿色崛起的实施意见（试行）》，打造“补植复绿”的宜丰“绿色综治”样板，形成了天然林管护“技防+人防”的宜丰模式，全县“补植复绿”面积达600多亩。

2. 矿山环境综合治理

宜丰县持续推进矿山环境综合治理，辖区内废弃矿山63家，恢复治理1946.261亩，关闭低产能煤炭企业16家（全县所有煤矿），推进了5个达标绿色矿山建设，29家企业开设了矿山恢复治理基金存储账户。宜丰县过去设立新矿只要自然资源局审批即可，现在则由县政府办公室牵头组织自然资源局、生态环境局、林业局、水利局、发改委、应急管理局、矿山所在乡镇七个部门联合审批，审批通过的企业除要符合矿山资源管理法外，还要契合当地的产业政策、生态环境保护、水利保护等，从而推动矿山整治向源头治理转型。此外，出台绿色矿山建设办法，新设矿山必须申报创建绿色矿山。

3. 农业农村面源治理

宜丰县加大农业面源污染综合治理力度，农业农村局综合行政执法大队由过去监管千家万户的小农，向直接监管源头生产与销售环节的农药化肥生产企业和农资销售店转变，建立治理对象的转换机制，这大大降低了污染治理成本，大幅度提升了治理效能。同时，推行农药、化肥减量行动，推广低毒高效农药，完善无人机喷洒农药等社会化服务体系，实行联防联治。全面整治畜禽养殖污染，完善养殖污染防治配套设施建设。探索城乡环卫一体化建设，以政府购买社会服务的方式，将全县16个乡镇（场）的环境卫生工作统一外包给企业，将环卫工作服务延伸至全县215个行政村，农村生活垃圾处理实现了行政村100%覆盖。

四　绿色生活：共享生态文明建设成果

绿色生活是生态文明建设的重要组成部分，有两个重要意涵：一方面，绿色生活是指将生态、环保、文明的理念融入广大人民群众的生活习惯中，让人人成为生态文明建设的参与者与推动者；另一方面，生态文明建设可以成为社会转型的推动力，引领农民在城乡社会巨变的时代安顿好生活，顺利完成生活方式的现代化转型。宜丰县生态文明建设的可贵之处就在于真正将生态文明建设融入了时代变迁与农民生活转型中，其立足民众的内生需求，重新形塑城乡社会新生活风尚。

（一）绿色出行：县乡道路提升工程与公共交通

随着城市化进程的加速，农民逐渐处于“半城半乡”的生活实践中。一方面，随着县域的城市建设与农民对城市生活的追求，农民的生活半径不断向城市扩展；另一方面，有限的城市化能力，使农民仍然高度依赖乡村的生产、居住、养老等一系列保障功能。继全县完成通村、通组公路建设后，宜丰县近年来继续投资6亿元用于县乡村道路提升工程。同时，宜丰县通过有效的公共交通体系建设，既降低了农民在城乡之间往返的成本，使农民同时享受城市发展便利与农村生活保障，也推动了人们采用绿色低碳的出行方式。

宜丰县的具体做法包括：一是在工业园区与乡村之间建立班车公交系统，方便农民就近在工业园区就业，这同时满足了园区企业稳定用工的需求。二是在城市中小学校与村庄之间建立公共校车接送体系，降低农民家庭的教育成本。三是明确提出了“车头向下、村口始发、通村达户、平安到家”的绿色公交发展思路，增加客运汽车数量与发车班次，合理设置停靠站点，提高通车比例，打通县乡村三级客运网络。目前，宜丰县已开通公交路线 11 条，覆盖了全县 16 个乡镇（场），日发班次 160 多班，形成了辐射全县农村的绿色公交网络体系。由此，农民可以低成本地在县城与村庄之间自由往返，城乡之间形成了更加紧密的互动融合体系。

（二）绿色休闲：资源撬动自治促进全民健身

宜丰县紧紧围绕提高全民素质和生活质量的目标，建成完善的全民健身服务保障体系，编制《宜丰县体育事业发展“十三五”规划（2016－2020）》，引领全民参与健身，形成“资源撬动自治”模式，即社团协会自治组织＋政府注入小额资源，激发全民参与健身的热情，使其养成健康的休闲生活方式。宜丰县具体的做法有：其一，加大体育设施和公共广场建设投入，让居民拥有较为便利和宽敞的健身场所，这是开展全民健身和提高居民参与度的基础。近年来，宜丰县改造升级新昌公园、南屏翰峰文化园，新建了渊明自行车绿道、虎形背公园、福隆花苑社区运动场等，新建了一座体现宜丰地域古色、红色、绿色的伴山花鸟公园，以提升城市区域活力和品质。其二，加大全民健身组织网络建设，构建完善的服务体系，广泛动员退休老干部、老教师以及大量业余体育爱好者担任“社会体育指导员”，让他们指导与培训全民参与健身。其三，将小额度的活动经费注入各类社团与协会自治组织，增强各类文体协会组织的积极性与可持续性，进而创造多样化的文体活动，满足群众多元化的休闲需求。

（三）绿色养老：多元养老模式与养老全覆盖

随着我国步入老龄化社会，养老问题逐渐凸显，农民大规模的城市化与市场化又进一步引发家庭的时空分离，带来家庭养老的困境。为了满足农民养老的伦理需求与减少农民家庭发展的压力，宜丰县委、县政府积极引导与孵化建设多元社会化养老体系，如发展福利机构的保障型养老模式、下乡资本的商业养老模式、家庭经营的低端养老模式、依托集体的社区互助养老模式，以满足不同群体的多层次养老需求。

宜丰县依托集体推动的社区互助养老模式具有很好的借鉴意义。2019 年宜丰县委组织部与县民政局共同牵头推动幸福食堂建设工作，并颁布《关于在全县农村推行“党建 + 乐龄中心（幸福食堂）”工作的实施方案》，要求把乐龄中心（幸福食堂）工作与建设农村基层服务型党组织相结合，积极搭建农村老人互助服务平台，让老年人生活得更加幸福、更有尊严。幸福食堂一般以村庄为基本单位，积极整合集体资产、盘活农村长期闲置的老村部、学校、仓库、祠堂等，为空巢、留守、有行动能力的高龄老年人提供低成本的一日三餐、日间生活照料等服务。探索“时间银行”服务模式，鼓励低龄健康老年人为高龄、失能留守老年人提供力所能及的志愿服务，等到他们自己需要的时候再“支付”出来使用。当前全县投入 160 万元，已经建设完成幸福食堂 72 个，投入使用的有 36 个。

当前这一工作仍然处于推进中，预计到2020年底，全县农村幸福食堂的站点将覆盖70%以上的村（居）委会，实现为大部分老年人提供基本养老公共服务的目标。相比其他三种社会化养老模式，以集体为组织者、以村庄为基本依托的村庄互助养老模式具有突出的优势，能够真正满足老年人低成本、高福利的养老需求。

（四）绿色殡葬：建立现代祭奠新风尚

我国传统文化一直强调慎终追远，通过丧葬仪式与祖先祭祀体系来让活着的人体验有限的人生，在香火绵延中体验无限的人生意义。农村传统上实行土葬，主要是在自家山林上选择墓地，属于家族内部的私墓，占地比较大而且较为分散、不美观。随着农民家庭收入的提高，乡村开始出现了建大墓、豪华墓等现象。宜丰县在尊重乡村社会风俗的基础上，稳步推动绿色殡葬改革，制定《宜丰县关于加快推进殡葬改革工作的实施方案》，逐步建立科学文明的殡葬服务体系，培育现代殡葬新理念新风尚，建立现代文明祭奠体系。

五 结语

宜丰县肩负着为美丽中国“江西样板”贡献“宜丰方案”的任务。四年多来，宜丰县在打通绿水青山和金山银山转换通道、将生态优势进一步转化为发展优势、激发绿色发展的内生动力等方面，探索出了极富启发意义的经验。我们认为，宜丰县这些年在生态文明示范工作中所形成的绿色引领“三位一体”模式，探索出了中部地区绿色崛起的新路径。这一经验体现了习近平总书记“绿水青山就是金山银山，保护生态环境就是保护生产力，改善生态环境就是发展生产力”的科学论断，绿水青山产生了巨大的生态效益、经济效益、社会效益，可以为江西建设国家生态文明试验区、发挥江西生态优势提供积极启示。

上 篇

绿色发展

百岁山公司厂房

百岁山食品饮料有限公司生产线

鼎盛玻璃（全球首条浮法微晶玻璃生产线）

迈丹尼全自动智能开料系统

迈丹尼中式实木整装定制家居

鼎盛玻璃车间

鼎盛玻璃车间

永兴新能源车间一角 1

永兴新能源车间一角 2

林下养蜂

生态产品竹饮料

富硒农业产业园区

禅宗文化旅游

古村旅游

体育休闲健身

农业观光旅游

农业休闲旅游

秀美乡村旅游

乡村旅游节

乡村民宿

农村幸福食堂

产业发展研讨会会场

宜丰县绿色产业（北京）招商推介会

按语：绿色GDP的崛起

污染治理不是一项简单的政策执行工作，而是需要将其融入地方的经济社会发展大局中去。对于大多数中西部地方政府而言，地方财政一方面依靠中央财政转移支付，另一方面也要依靠内生经济能力。这其中，工业是地方发展的核心力量。因此，地方政府需要做到污染治理和经济发展之间的平衡。在开展污染防治和生态保护工作的过程中，既要符合国家生态建设的总体方向，也不能忽略企业的生存和发展。政府和企业之间是互利共存的关系，政府既要保护环境，同时也要保护企业，扶持企业做大做强。正如宜丰县一位部门领导指出的，“当企业做大做强之后，才具有处理污染问题的能力。事实上，企业总是会有污染，但是关键是有能力去处理”。

那么，地方政府如何处理经济发展与生态保护的关系呢？宜丰县在开展生态环境建设时，实行的是“降成本、暖服务”的措施。一方面，地方政府结合本地实际坚决贯彻国家的生态文明建设要求，在政策允许的空间内给予企业缓冲空间；另一方面，地方政府也积极地为企业提供各种服务，支持企业适应环保要求，加快转型升级。在宜丰县，企业的成本提上来了，政府的服务也要提上来，相关部门积极协助企业度过转型期。地方政府需懂得站在企业的立场上考虑问题，当企业出现问题时，就问题而解决问题，而不是“一锅乱炖”。

产业发展对于地方政府而言，不仅具有经济意义，还具有社会意义和治理意义。经济意义包括两个层面，一是指 GDP 的增长，二是指地方财政能力的提升。一个地区若缺乏产业，就会缺乏内生经济能力，缺乏公共产品的自主供给能力。社会意义则指产业发展所创造的就业机会，以及因就业所带来的社会发展和社会稳定。治理意义是指政府在产业发展过程中进行关系调整和资源供给。产业发达程度不同，地方的经济、社会和治理特征存在明显的差别。宜丰县属于产业发展中地区，面临着经济发展和生态环境建设的双重挑战。生态环境政策很容易影响地方经济发展，进而影响社会形态及治理结构。

从总体上来看，生态文明建设是一项利国利民的事业。对于经济薄弱地区而言，工业发展中的生态文明建设，在短时间内会影响企业发展，甚至可能在一定程度上降低地区经济发展水平。然而，单纯以环境为代价的经济发展终究不可持续，必须转变发展观念与发展模式。宜丰县将生态文明建设中的挑战变为机遇：一是借机治理了环境污染痼疾；二是重新调整和明确了产业发展结构；三是重新梳理了政企关系和部门关系，以短时间的发展阵痛换取长远的可持续发展。

从工业污染的治理成效来看，宜丰县解决了水、土和大气的污染问题。一是对企业下达减排指标，治理河道沟渠，建设排污管道设施，逐步解决了水体污染问题，彻底消灭了四类水、五类水和劣五类水，保证水质均在三类水及以上。二是采取土壤修复措施，监控土壤污染行为，遏制了土壤污染问题。三是采取减少污染物排放，严控高耗能、高污染产能，采取清洁生产等措施，使得空气质量持续好转，宜丰县的空气质量目前为二级以上。

从产业结构的角度来看，宜丰县立足本地的资源优势和工业基础，明确了“3+1”的产业结构，分别对应当地的矿产资源、竹木资源、水资源和旅游资源。这一结构体系区别于前期的产业体系，逐步改变了散乱污企业和园区企业粗放发展的局面。一是形成产业集群，使得发展方向更加明确，用力更加集中，集中依托当地优势资源进行产业发展。二是逐步建立起产业互动链，互动链包括上下游关系和资源转换关系，前者是指不同企业在产业环节上连接起来，后者是指一些企业的废料变为另一些企业的原材料。

从政企关系和部门关系的角度来看，生态文明建设使得政企关系和部门关系更加紧密。由于当地大多数企业以前的发展都属于粗放型发展，在环保压力下企业很脆弱，发展艰难，而地方政府又高度依赖企业所带来的税收，可以说，生态环境建设使得企业和政府捆绑在同一条船上，二者共命运。因此，政府为了地区发展会在压力之下为企业提供更多的服务，而企业自身为了生存也更加依赖政府的引导和保护，政府和企业的关系，基本是“围墙外的归政府，围墙内的归企业”。部门关系同样如此，因生态文明建设是地区发展的第一要务，是县域范围内各个部门和全体干部的共同责任，每个部门都涉及生态文明建设工作，因此，在服务企业过程中，不同部门之间相互合作，冲破部门壁垒，而不是各自为政，由此建立起了相互协作的友好型关系。

宜丰县的产业发展在生态文明建设的要求之下，从粗放型的经济 GDP 逐渐过渡到生态发展视野下的绿色 GDP，这一产业模式的转型，虽然会存在短暂的阵痛期，但是有利于地区经济的可持续发展，使得地区发展后劲十足，而且有利于子孙后代。可以说，宜丰县在生态文明建设上交出了一份让人满意的答卷。

第一章　产业规划：生态“3+1”

改革开放以来，宜丰县的工业经济经历了分散发展和集中发展两个阶段。分散发展时期的时间段为从1980年代至2000年。这一时期，当地主要是发展乡镇企业、城镇国有企业和村集体企业，当时几乎每个乡镇都有一个支柱企业，主要有人造板厂、炸药厂、化工厂、纺织厂等。2000年，宜丰县进行了集体企业改制，实行“企业出让，职工买断”政策。企业改制以后，宜丰县开启了产业集中发展模式，在建设工业园区的前提下，企业集中进园区。目前，宜丰县的产业发展仍然延续工业园区的发展模式。

在工业产业发展初期，宜丰县的工业发展采取粗放发展模式，产生了高能耗、高污染等问题。在生态文明建设背景下，宜丰县委、县政府结合生态环保和经济发展的要求，基于本地的产业基础和资源条件，明确了产业发展的定位与方向，对本地工业产业结构进行了清晰规划，形成了具有宜丰特色的招商模式。目前，宜丰县形成的是生态“3+1”产业结构，这一产业结构具有绿色、环保、生态的特征。

一　因地制宜的产业定位

宜丰县的产业发展主要依托当地的资源，最初的工业样态主要围绕当地自然资源加工形成。当地自然资源主要包括林木资源、水资源、矿产资源和旅游资源。

在林木资源方面，宜丰县森林覆盖率高达71.9%。宜丰县共有林地面积211.2万亩，其中毛竹面积87.23万亩，毛竹资源量位于全省第一、全国第三，被誉为中国竹子之乡。在水资源方面，水资源总量为25亿立方米，水能理论蕴藏量7.3万千瓦，且水源质量优良。在矿产资源方面，目前宜丰县已探明的矿种有煤炭、瓷土、膨润土、黄金、银等76种，其中煤炭储量2500万吨、瓷土储量6000万吨、石灰石储量220万吨、黄金储量14.15吨，同时富含优质的锂矿资源。在旅游资源方面，宜丰县享有“陶渊明故里”“禅宗祖庭曹洞宗、临济宗发祥地”等美誉，拥有地球上同纬度原始森林封存最久、保护最好的保护区——官山国家级自然保护区，官山空气负氧离子含量超过5000个/立方厘米，其中官山国家级自然保护区超过10万个/立方厘米，被誉为“天然氧吧”。

宜丰县各乡、村围绕丰富的毛竹资源，开办了大量小型毛竹加工企业，不仅消化了周边区域的毛竹，而且吸纳农村剩余劳动力就业。鼎盛时期，全县的毛竹加工企业有200多家。宜丰县还充分利用产业转移的契机。自2006年开始，宜丰县借助瓷土资源优势，逐步承接了部分从广东转移出来的陶瓷企业，全县共引进陶瓷生产线18条。自2011年开始，宜丰县借助锂矿资源承接浙江产业转移的铅酸锂电池企业7家。2018年至2019年，宜丰县主动承接深圳的电子信息产业。

由于传统的毛竹加工、陶瓷以及铅酸锂电池等类型的企业生产对大气、水源、土壤造成一定程度的污染，宜丰县有意识地进行产业结构调整，以“大美生态、科技文明”的理念为指导思想，通过系统规划、合理布局，建立起科学健全的产业结构。在地方政府的长期规划与积极动员下，当地的产业发展逐步实现了绿色转型。

二　“3+1”产业历史与规划

“3+1”产业体系中的“3”是指绿色高效储能系统制造产业、绿色新型装饰材料产业、绿色食品饮料产业，“1”是指打造文化创意及区域休闲颐养中心，即“生态+大健康”产业。这一产业结构的形成，是地方政府基于当地产业基础、资源优势和生态要求，进行合力规划和积极引导的结果。

（一）绿色高效储能系统制造产业

宜丰县绿色高效储能系统制造产业开始于蓄电池行业的发展。从2009年开始，宜丰县利用当地的矿产资源优势，承接浙江的产业转移项目，积极招商引资，引进了7家蓄电池企业。2013年，县政府开始推动企业整体入园，并引导产业转型。借助宜春市打造“亚洲锂都”的契机，宜丰县企业从生产铅酸电池转为生产锂电池。电子信息产业是2019年新引进的产业，宜丰县主要承接深圳的产业转移。由于电子产业必须打造无尘车间，为了吸引企业入驻，提高招商的成功率，工业园区管委会积极打造20万平方米的标准化厂房，为入驻企业提供“拎包入驻”的便利条件，目前已入驻8家企业，均已签订投资合同。

2019年，宜丰县绿色高效储能系统制造产业实现主营业务收入135.1亿元，其中规上企业11家。核心企业是江西长新电源有限公司（简称“长新电源”）、江西汇能电器科技有限公司（简称“汇能电器”）、江西亚泰电器有限公司（简称“亚泰电器”）、江西圣嘉乐电源科技有限公司（简称“圣嘉乐电源”）、江西振盟新能源有限公司（简称“振盟新能源”）、宜丰钜力新能源有限公司（简称“钜力新能源”）、江西禾田新能源科技有限公司（简称“禾田新能源”）7家企业，总投资达60亿元，固定资产投资40亿元，建有高标准厂房100万平方米，7家企业全部通过省生态环境厅环评验收，并通过了工信部的准入审核，已形成集绿色高效储能电源研发，极板制造，电池组装、包装、物流等完整的产业链。

龙头企业长新电源加大新产品研发投入，提高自主研发创新能力，通过与浙江超威电源有限公司研究院合作，研究开发了全球首个石墨烯新型电池，并拥有该技术的自主知识产权。该企业还与高校科研单位开展产学研合作，获得6项相关专利。这些资本规模大、工艺先进、环保条件好的电源企业，已经引起了国内知名企业和上市公司的高度关注。2017年，江西省储能设备绿色制造产业基地有7家企业荣登江西民营企业制造业100强，分别是长新电源、圣嘉乐电源、汇能电器、振盟新能源、亚泰电器、禾田新能源和钜力新能源，分别排第24位、26位、34位、35位、42位、51位、98位。2018年江西省储能设备绿色制造产业基地有5家企业荣登江西民营企业制造业100强，分别是圣嘉乐电源、汇能电器、振盟新能源、亚泰电器和禾田新能源，分别排第32位、35位、44位、45位、60位。2019年江西省储能设备绿色制造产业基地有5家企业荣登江西民营企业制造业100强，分别是汇能电器、振盟新能源、亚泰电器、圣嘉乐电源、禾田新能源，分别排第39位、43位、45位、47位、68位。

（二）绿色新型装饰材料产业

绿色新型装饰材料产业以当地的竹木材料为依托，主要进行竹木加工，宜丰县几乎每个乡镇都有数个竹木加工工厂或作坊。宜丰县是中国十大“竹乡”之一，当地的竹子具有根大、径粗、肉厚等特点，适合加工成竹制品。由于竹木材深加工难，宜丰县准备打造“竹产业科创园”，引进高新企业进行竹木材深加工，使竹制品从原竹到成品的整个加工过程都在园区内进行。此外，宜丰县还打算通过与南京林业大学和中国林业大学的研究中心进行合作，建设“竹板材生产基地”。针对竹木材加工存在的空气污染问题，当地在引导产业转型的同时，着力采取环保措施开展系统治理。

2003 年，宜丰县仅有一家陶瓷企业，2010 年发展到 12 家。截至 2019 年，当地已有 29 条陶瓷生产线，年产值 30 多亿元，吸纳了 1 万多名劳动力。由于陶瓷产业属于高耗能产业，且竞争激烈，宜丰县计划不再增加和引进此类产业。同时，宜丰县引导已有的 12 家企业转型升级，一是支持企业做大做全系列产品，二是支持企业将工业废品变废为宝，进行新型产品的加工与生产。

2019 年，宜丰县绿色新型装饰材料产业实现主营业务收入 75.2 亿元，其中规上企业 57 家。该产业有建筑陶瓷企业 12 家，建有陶瓷生产线 29 条，建筑装饰陶瓷产品门类齐全，包括设计内墙砖、外墙砖、室内地砖、厨卫装饰砖、各类波纹瓦，已形成装饰陶瓷的全产业链格局。此外，宜丰县有生产各类竹木地板、户外地板、竹炭、竹家具等的竹木加工企业 97 家，龙头企业和第一、第二、第三产业的联动机制正在培育之中。

绿色新型装饰材料产业的核心企业江西鼎盛微晶新材料有限公司与武汉理工大学进行产学研合作，建成了全球首条浮法新型微晶玻璃生产线。2016 年 10 月 14 日，浮法新型微晶玻璃一次性试产成功。目前，武汉理工大学正在建设宜丰特种微晶材料研究院，由江西鼎盛微晶新材料有限公司与武汉理工大学合作建设的宜丰新型微晶装饰材料产业园已全面动工。产业园项目总投资27.06亿元，占地850亩，将建成集新型微晶装饰材料研发、生产加工、出口一条龙的产业基地，全部建成投产后，年产微晶装饰材料1000万平方米，可实现销售收入40亿元，利税10亿元。

（三）绿色食品饮料产业

宜丰县的绿色食品饮料产业主要以矿泉水和纯净水为主，引进了深圳百岁山和上海天喔集团。该县从2006年起全面实行“三禁伐、两限伐”政策，以保持良好的生态环境，“满目青山、蕴藏好水”，宜丰县优质矿泉水资源居全省前列。宜丰县仅澄塘镇就有438座山塘水库，其中小（2）型水库有18座，小（1）型水库2座，水资源非常丰富。2013年8月，深圳景田饮料食品公司景田公司与宜丰县签约，在澄塘镇清水桥投资11亿元，建设江西百岁山矿泉水生产基地，引进了3条全球最先进的矿泉水生产线，形成年产天然矿泉水50万吨的产能，产品销往湖南、湖北、安徽、陕西等地，供不应求。宜丰县也抓住机遇做大“一瓶水”，加大招商引资力度，引进上海天喔集团投资2亿元，在花桥乡建设“金贡泉”矿泉水项目；投资1.2亿元的江西恒大矿泉水项目也已投产。目前，宜丰县“百岁山”“金贡泉”“山露”“天宝古泉”等优质矿泉水年生产能力达100万吨，产值超20亿元，正向全国优质矿泉水产业基地目标迈进。

2019年，宜丰县绿色食品饮料产业实现主营业务收入12.3亿元，其中规上企业10家。该产业的支柱企业为江西百岁山食品饮料有限公司，其2016年实现税收1.54亿元，2017

年实现税收1.14亿元，2018年实现税收0.76亿元，2019年实现税收0.99亿元。宜丰县紧扣打造全国绿色食品饮料产业集群目标，百岁山二期纯净水项目已投产，待本来旺玻璃制品及同安矿泉水项目全部建成投产后，每年可上缴税额4亿元以上。下一步，宜丰县将继续聚焦国际国内品牌企业，发挥生态优势，依托优质水资源，引进饮料生产项目，形成高端矿泉水、纯净水、饮料、保健酒等系列产品的产业集群。

（四）“生态+大健康”产业

宜丰县的“生态+大健康”产业目前还处于发展阶段，这一产业以优美生态环境为基础，以健康服务业为核心，涉及生态、健康和养生养老领域，该产业通过文旅项目建构起来。2015年以来，宜丰县引进文旅项目16个，签约资金40多亿元，其中2019年签约资金20多亿元（旅游项目15.8亿元，文化项目“三馆一心”4.7亿元）。与江西旅游集团签约的天宝古城文旅项目、与珠海天沐集团签约的潭山天沐温泉文旅项目、与湖南哲悦传媒签约的禅竹文化园文旅项目等一批重点旅游项目全面推进。

2019年，宜丰县重点引进珠海天沐集团共同合作开发文旅综合项目，总投资3.8亿元，结合禅宗文化、农耕文化、中医药文化等，为温泉康养注入文化魅力，打造禅泉、农泉、药泉等具有多种内涵和优秀品质的旅游康养温泉，建设温泉颐养小镇。依托“曹洞宗祖庭”宜丰洞山禅宗资源，创建洞山4A级旅游景区，大力开发禅修、禅学、禅养项目，开发健康素食等养生产品，把洞山打造成名副其实的养心修心胜地。充分利用“江西第一古村”天宝古村的乡土文化，打造以赣西北古建筑欣赏、民俗文化和田园风光体验的“古村落、原生态、禅文化、深体验、慢生活”的历史文化名村风情小镇。

三　招商选资与招商创新

由于沿海发达地区的企业发展面临着产业转型升级的要求，一些高耗能、高污染的企业有两个选择：一是被淘汰；二是转移阵地。中西部地区因需要发展地区经济，成为沿海发达地区企业转移的广大腹地，各县市为争取项目展开了激烈竞争。江西省共有99家工业园区，全省工业园区每半个月通报一次经济发展情况，内容包括主营业务收入和利润。全省工业园区排名实行“末尾问责制”，最后三名工业园区所在地的县委书记要在会上做检讨，这进一步加剧了各县市之间的竞争。

2019年，宜丰县委、县政府出台了《关于2019年宜丰县高质量发展生态“3+1”产业招商引资工作实施意见》（后文简称《实施意见》），《实施意见》要求突出重点产业招商、重大平台招商、重点区域招商，“一把手”带头招商，这足见宜丰县委、县政府对于新产业发展的决心。当前，生态文明建设是国家战略，中西部欠发达地区与东部发达地区一样要面对生态环保督察。对于宜丰县而言，在产业发展过程中需要解决地区产业发展与生态环境保护之间的矛盾。为此，宜丰县一方面通过招商选资建立科学合理的产业结构，另一方面实行一系列招商创新举措引资安商。

（一）招商选资

“招商选资”是当前宜丰县引进产业项目的基本要求，在具体招商过程中需选择适合本地发展的项目。宜丰县在招商选资上有两个取向。一是生态取向，即在招商选资中选择低能耗、低污染型产业，通过确立产业发展的红线预防环境污染。宜丰县在招商引资过程中，确立了“不能引进低能耗、高污染企业”这一红线，并列出了“企业限入与禁入清单”，加强了对意向企业进行考核和审查。宜丰县专门编制了控制性指标体系，这一指标体系包括产业类、规划类、环境类、能耗类和经济类、配套类指标（见表1－1），在土地出让过程中，必须将控制性指标作为土地出让条件。

表1－1　控制性指标参考目录

指标类别	具体细项	指标类别	具体细项
产业类	1. 项目准入	规划类	12. 地块建筑控高
	2. 投资强度		13. 容积率
	3. 亩产税收		14. 建筑密度
能耗类	4. 能耗总量		15. 红线退界
	5. 单位能耗工业增加值		16. 交通条件
	6. 单位水耗工业增加值		17. 停车位
环境类	7. 规划环评（环境容量）		18. 绿地率
	8. 水土保持		19. 用地性质
	9. 污染物排放总量	配套类	20. 公共水电设施
规划类	10. 区块整体建筑风貌		21. 通信通邮设施
	11. 地下空间及人防设置		22. 年径流量总量控制率

二是规模取向，即提高企业准入门槛，优先引进规上企业。比如宜丰县在蓄电池产业的发展上，逐步向石墨烯和锂电池方向倾斜，企业准入条件提高，倾向于引进投资规模大的企业。2017年引进的一家上市公司，投资总额达到30亿元。

宜丰县委、县政府在《关于2019年宜丰县高质量发展生态“3＋1”产业招商引资工作实施意见》中提出全县的目标任务：①三大指标实现“129”：全年力争利用省外资金总额突破46亿元，增长10%；外贸出口完成13亿元，增长2%；实际利用外资总额突破7600万美元，增长9%。②项目引进实现“1234”：全年力争引进50亿元及以上项目1个，20亿~50亿元（不含）项目2个，1亿~10亿元（不含）项目30个，10亿~20亿元（不含）以上项目4个。此外，宜丰县还规定入园工业项目必须符合以下要求：①国家产业政策、环保和安全生产准入；②一次性固定资产投资2000万元以上；③投资强度不少于300万元/亩，年均税收不少于5万元/亩。

由此可见，宜丰县在招商选资中坚持环保取向和规模取向。一方面围绕生态“3+1”产业招商，另一方面突出重点产业招商，按照强链、补链、延链要求，强化产业招商，着力引进战略性新兴产业，突出新能源、新材料、大健康、大数据、电子信息、现代服务业和现代农业招商。

（二）招商创新

1. 全民招商

“全民招商”是宜丰县在当前招商竞争压力之下做出的策略选择。对于中西部地区而言，经济发展仍然是地区发展的第一要务，如果缺乏产业经济，完全依靠上级政府的转移支付，无法支持地区的自主发展和可持续发展。因此，东部沿海地区进行产业升级的紧要关头也是中西部欠发达地区引进转移企业的重要时刻。

为了招商选商，宜丰县成立了各种类型的招商小分队。其中，县四套班子各负责一个“3+1”主导产业，由县主要领导带队，明确一名分管领导具体负责，组建四支县级专业招商小分队，每个小分队每年负责引进一个10亿元以上实体项目。

为加大服务业招商引资力度，宜丰县专门组建了一支服务业招商小分队，由该县分管服务业的县领导担任组长，每年负责引进一个10亿元以上的服务业项目。此外，还成立以乡镇（场）和经济主管部门为主体的招商小分队，明确“一把手”为招商小分队队长，每支招商小分队每年要引进一个1亿元以上实体项目。

为了动员全民招商，宜丰县制定了“第一信息员”制度，给予信息人一定额度的奖励，所引进的企业投资1亿元以上，信息人可获得1万元的信息奖。同时，宜丰县还要求（场）及县直有关单位成立招商小分队，各小分队都承担招商引资的任务，工业园区则是招商主战场。在充分动员的背景下，宜丰县各单位的领导和干部积极搜索各种商业信息，在沿海及发达地区实行定点、定产业招商。

案例1-1：双峰林场的负责人引进了一家杭州的手抓饼企业。该企业的老板是双峰人，林场负责人通过该老板留在老家的哥哥，积极展开了招商引资工作。林场负责人以三个理由打动了企业老板：一是在家乡发展可以建自己的厂房，厂房建设完成后属于企业固定资产，而在杭州只能租赁厂房，且租赁价格高；二是本地工业发展的交通条件好，有7~8个高速路口，对外交通方便；三是食品产业具有发展前景，在当地发展的成本相对较低。后来，这家企业顺利地被引进回乡，现在已经开始平整土地、开工建设厂房。

2. 以商招商

招商小分队和招商主体在具体操作中，侧重于通过“以商招商”的方式寻找商业项目信息、促进项目落地。“以商招商”是宜丰县基于自身产业发展定位提出的招商策略，是指将企业老板作为中间人引进相关的企业项目。宜丰县早在2000年时就提出了企业集群的思路，2008年时又提出了产业集群的思路，产业集群有助于地区经济的可持续发展，而“以商招商”一方面回应了产业集群发展的需求，另一方面有利于缓解地方政府招商引资的压力。

“以商招商”与“政府招商”相比，成效更好，原因在于，企业老板的人际关系更广，对项目的认识更加专业。企业老板在招商时，一是具有专业的眼光与视角，其对当地的生产条件进行定位和判断，相当于为企业进行了免费的从商环境评估；二是会结合自身发展选择相关企业，即企业与企业之间在未来发展上会形成互动和合作，保证被招商企业的发展前景；三是招商企业与被招商企业之间更加容易建立信任关系，有些企业之间本身就有合作，有些企业老板通过朋友介绍认识，容易进行沟通和互动。宜丰县工业园区60%的项目通过以商招商方式落地。

3. 政策支持

宜丰县将企业引进来之后，极力培育企业，给予企业政策支持，帮助企业持续发展。宜丰县给予企业发展的政策支持主要包括资金支持、人才与技术支持。

在资金支持上，宜丰县政府不是直接给予企业补贴，而是间接实行优惠政策支持。比如土地优惠政策，该县规定，凡是入园企业所需的土地，企业通过招拍挂按工业用地起始价取得使用权，企业全额交纳土地出让金后，由县财政以产业发展基金方式给予企业资金扶持，以增强企业发展潜力。

在人才与技术支持上，宜丰县委、县政府精心策划以“生态＋新能源、高新技术”为主题的招商推介活动，夯实人才平台，完善和用好宜丰县招商引资优惠政策和奖励办法，积极创建院士、博士后工作站，引导更多国家级和省级重点实验室、工程技术中心落户宜丰，为创新创业人才提供更多更好的平台。

4. 服务安商

宜丰县按照国家、省、市关于深化“放管服”改革和优化营商环境的部署要求，着眼于加快招商引资项目落地投产，着力于攻克企业投资项目审批的难点、堵点，全面推进企业投资项目审批过程提质增效，积极开展“标准地＋”试点工作。

2019年，宜丰县委、县政府在县电子信息产业园区内开展试点“标准地＋”工作，制定《宜丰县关于开展企业投资项目“标准地＋”改革工作试点的实施方案》，在总结试点经验后，出台《宜丰县人民政府办公室关于印发宜丰县企业投资项目“标准地＋承诺制”改革实施方案（试行）的通知》（宜府办字〔2019〕83号）。宜丰县通过积极探索企业投资项目“标准地＋”改革试点，在重点区域建立“事先做评价、事前定标准、事中做承诺、事后强监管”的“标准地”出让制度，推动市场在土地资源要素配置中发挥决定性作用。通过试点探索形成了可复制、可推广的“标准地＋承诺制＋代办制＋代建制”改革模式。这一模式具体包括以下五个方面的内容。

（1）开展区域评价：在确定区域内探索实施区域能评、区域环评、区域洪评、建设用地项目压覆矿产资源、地质灾害危险性评估、文物保护和考古评价、重大项目风险稳定评估和相关事项区域评价。

（2）建立指标体系：项目建设用地控制指标由产业指标、规划指标、环境指标、能耗指标和经济指标六大类构成。

（3）企业做出承诺：在“标准地”出让后，项目业主与项目所在地签订“标准地”使用协议，承诺按约兑现各项指标，明确违约责任。

（4）开展服务代办：对于企业选择承诺制的项目，经项目业主申请，由审批部门实行“一窗服务”，开展“一对一”管家式服务，为服务对象提供“保姆式”代办，帮助企业做好各项报批工作，及时解决项目推进过程中出现的困难和问题。

（5）实行政府代建：根据企业意愿，坚持企业自愿委托、政府无偿服务的原则，按照企业需求，试行企业投资项目厂房由政府主导实行代建制。中间报批环节及竣工验收阶段均由代建部门负责，按照《宜丰县工业园区标准厂房招商管理办法（试行）》的要求，实现企业“拎包入住”，直接安装生产设备投产运营。如此，极大地缩短了企业的投产时间，通过招商引资进来的电子信息企业只要两三个月便可以投产，提高了其市场竞争力。

此外，县政府还为每一家进入园区的企业安排一个服务单位，从企业入园的第一天开始，服务单位就要为企业提供“一条龙”服务，协助企业完成“围墙外的事”，比如帮助企业完成用地审批、建筑审批、环保评估、安全评估等工作。

第二章　产业转型：经济生态化

协调好生态环保与经济发展的关系，不仅关系到地方经济的长远发展，还关系到地方社会的稳定。宜丰县在生态文明建设过程中，对新产业实行污染治理与企业发展两手抓，以行政服务引导和推动当地企业实现绿色转型，实现经济可持续发展的同时，对传统产业中的中小企业进行分类治理，兼顾了生态治理与社会民生，实现了社会的稳定有序发展。

一　工业污染治理与循环经济链的建立

中央关于生态环境保护的政策意见，专门提出了要坚决打好污染防治攻坚战，其中的关键是治理工业污染。但是，治理工业污染并不意味着关停工业企业，而是旨在推动工业产业的绿色发展，以实现地方经济的可持续发展。宜丰县在工业污染治理中，按照兼顾“治理”与“发展”的思路，既严格遵循生态环保的要求，对污染企业进行有针对性的治理，又有意识地推动经济循环体系的建立，通过工业企业内部经济链的循环，低成本实现污染治理目标。

（一）产业发展的污染问题

大气、水和土壤污染是工业污染的主要问题，也是污染防治攻坚战专项行动的主要目标。

1. 水体污染

在进行生态环境整治之前，宜丰县工业园区企业超标排放污染物问题屡见不鲜，企业通过策略性的设计规避污染检查。一是雨水排口混乱，无标识牌，一些企业将雨水管道埋在地下，通过设置暗管利用雨水管道偷排污水。二是污水排口设置隐蔽，大多数企业没有设置安装接入污水处理厂的排污管网，而是自行处理污水。企业违规排污导致水质变差，对当地人们的生产生活用水造成了不同程度的影响。

案例2-1：2016年12月14日上午8点左右，上高县自来水公司发现县城城区供水有异常气味。经排查，发现水体异常是锦江河上游的宜丰县工业园区部分企业将工业废水排放至园区旁边的小溪，小溪汇入耶溪河，耶溪河汇入锦江河所致。15日下午，上高县部分群众到宜丰县反映自来水出现异味的情况。据查，宜丰县的两家企业抱着投机心理，在查看天气预报后，试图利用下暴雨的时机将污水排放到河流中，结果未下暴雨，企业排放的污水污染了锦江河水，严重影响了上高县人民群众的饮水安全。

2. 土壤污染

工业发展中的土壤污染，主要是由工矿企业开发矿产资源以及重金属企业处理排放物造成的。土壤污染不仅破坏地表生态，影响农作物生长，也会污染地下水，对生态环境造成严重损害。

案例2-2：2018年5月21日，中央电视台曝光了江西宜丰县长新电源科技有限公司在厂区内非法填埋危险废物等问题，这一事件被称为“长新问题”。经查，这是一起典型的恶意环境违法事件。2016 年上半年至 2018 年 5 月，江西长新电源科技有限公司为了降低处理固体废物的成本，在厂区内非法填埋近 200 吨危险废物。其废物中的铅泥含有微量铅，是有毒有害物质，对土质和地下水影响大。“长新问题”暴露出企业的生态环境保护意识严重不足，对后续的生产发展造成极大破坏，也为产业生态环保敲响了警钟。

3. 空气污染

产业发展所造成的空气污染主要是燃煤排放所致。长期以来，多数企业使用的基本是燃煤小锅炉，能源消耗以煤炭为主，由此产生了污染气体。小锅炉具有分布分散、排放密集且随意的特征，再加上空气流动，对气体污染进行有效管制一直是个难点。比如，2016 年 12 月，工业园区内的江西汇能电器科技有限公司和顺德立公司的两个大烟囱排放异常，遭到了舆论批评。

另外，工业企业在生产过程中产生的大量碎屑和尘埃，尤其是建筑施工造成的扬尘等，带来了空气污染。宜丰县通过开展扬尘治理专项行动，全面落实“建筑工地周边围挡、物料堆放覆盖、土方开挖湿法作业、路面硬化、出入车辆清洗、渣土车辆密闭运输”“六个百分百”要求，建立健全扬尘治理长效机制，实现了扬尘污染的治理。

（二）产业发展的污染治理

为了解决工业污染问题，宜丰县建立了一套完整的环保防治体系。这个体系包括污染源头预防、污染过程治理、污染结果惩处三个方面。通过全方位的污染防治，宜丰县重塑了一套健康的工业产业体系。

1. 污染源头预防

污染的防治关键是抓好源头治理，宜丰县在工业污染问题上的源头防治主要从两个层面展开。

一是在招商引资时严把企业环保关。宜丰县在招商引资上规定了入园工业项目的基本条件：（1）达到国家产业政策、环保和安全生产准入要求；（2）一次性固定资产投资在2000万元以上；（3）投资强度不少于300万元/亩，年均税收不少于5万元/亩。关于第一条，宜丰县政府明确指出，不再引进高耗能、高污染的项目，通过控制和禁止具有污染隐患的工业项目进入当地堵住新增污染的口子。

二是对企业进行动态监管、实时监控。2017年4月，宜丰县成立生态警察中心，该中心建立了网格污染排放监控系统，通过安装监控设备和环保预警设备，对企业内部的大气环境和水环境进行实时监控。这种实时监控也提升了解决污染问题的速度，一旦出现异常情况设备就会发出警报，反馈到工作人员的手机上，工作人员即刻上门处理。工作人员也会随时到现场取样检测，确定企业是否存在污染排放问题，一旦发现企业违规排放，就会对其进行追责。

2. 污染过程治理

工业企业的污染治理并非一蹴而就，存在周期反复性，需要一个过程。污染发生在工业企业的生产—消耗—排放的过程中，这决定了对工业企业进行污染治理必须是过程性的。宜丰县对工业企业的污染过程治理主要集中在三个方面：污染处理设备的投放、工业企业的达标排放以及化工企业聚集区专项整治。

一是污染处理设备的投放。宜丰县工业环保基础设施建设主要集中在污水管网铺设上。工业园区共有 300 多家企业，分两期拉管网，主体管网建设成本由政府承担，连接企业的管网建设成本则由企业自己承担。管网建设覆盖每一家企业，做到雨污分流。目前已完成第一期工程，第二期工程 2020 年完工。其中，污水处理厂尾水排放管网的铺设工程于 2019 年 3 月开始施工，5 月份完成，共投入资金 482 万元；园区污水主、支管网延伸工程于 2020 年 1 月 12 日完成，共投入资金 400 万元；园区污水主、支管网检测维护工作于 2019 年 7 月完成，首期投入资金 81 万元，检测长度 10 公里，并对发现的漏点和破损位置进行非开挖式修复，完成局部树脂固化 33 处，修复总长 169 米；2019 年 12 月启动污水管网二期检测清淤修复工程，清淤检测长度 10 公里，预计总投入 200 万元。此外，园区投入 100 万元安装 5 个雨水总排口在线监控设备，投入 145 万元新建园区空气自动监测站。

二是工业企业的达标排放。关于工业企业的达标排放工作，宜丰县主要是对 20 吨以下燃煤锅炉进行整治。此工作由工信部门牵头，生态环境局和市场监督管理局参与，多部门成立联合工作组，涉及企业 200 多家，工作组引导企业将燃烧质由煤改为生物质（如秸秆）。截至 2019 年，该项工作已经完成，所涉及的 200 多家企业全部整改到位。其中，有一家企业因超标排放污染物被处罚。

三是化工企业聚集区专项整治。宜丰县化工企业主要集中在工业园区。在此项整治行动中，园区共排查化工企业 11 家，5 家化工企业处于长期停产状态，1 家化工企业已被关闭。

3. 污染结果惩处

对于污染结果的惩处，宜丰县实行双重惩处政策，既处理涉事企业，也处理相关部门。

对于涉事企业的处理，宜丰县主要是通过生态警察中心实时监控、相关部门日常检查和群众举报上访等途径发现问题。一旦查清污染事实，有关部门就会处罚涉事企业。2019 年 1 月至 10 月，宜丰县生态警察中心牵头检查企业 1198 家次，涉及行政处罚案件 44 件，移送司法机关处理案件 4 件。生态警察中心共受理环境信访案件 195 件，牵头环境综合整治 4 个批次，办理处罚案件 44 件。对于环保不达标又不整改的企业，工信局将采取断电处罚措施。在燃煤锅炉的整治行动中，有 70 多家企业因产能不高、经济效益低，放弃了整治。

宜丰县为了贯彻落实生态文明建设的方针政策，加大了生态环境损害责任追究力度，专门制定了《宜丰县党委和政府及有关部门生态环境和资源保护工作职责》，明确了各个部门的生态环境保护责任。具体做法包括：一是落实属地管理责任，建立属地自查上报机制；二是铁腕执法，与属地政府、工信、供电等部门形成联动机制；三是将整治工作进展通过县生态环境保护委员会办公室公开通报，并抄报县主要领导，县纪委监委对清理整治工作推动不力的属地主要领导进行约谈；四是结合产业政策、建设地点、县情实际，研究一些行业整治难点，并形成对策。

此外，宜丰县建立了常态化的生态环境问责机制。对于空气质量持续恶化、大气污染治理工作不力的单位，以及履职尽责不力、造成重大损失的县直单位，有关部门将按照《宜丰县党政领导干部生态环境损害责任追究实施细则（试行）》有关规定，对有关责任单位及责任人进行严肃追责。

（三）绿色产业链的循环体系

如何认识污染问题，既需要依靠科学知识，讲究政策，也需要辩证思维。比如，一些污染物在一定状态下是污染源，但是经过物理方式或化学方式处理，就会成为重要的资源。简言之，污染物也可以“变废为宝”。宜丰县根据现有产业污染物的类型与特点，引进新型产业，实现了对原有产业排放的污染物的再利用。由此，宜丰县通过产业发展经济链的形成，建立了产业绿色发展的在地化循环体系，实现了生态环保与经济发展的有机平衡。

宜丰县绿色产业链的循环体系，突出表现在两个方面。一是铅酸蓄电池废物的循环再利用。宜丰县的主导产业之一是高效储能蓄电池产业，这一产业所排放的固废主要是铅泥，不仅污染大，而且处理成本高。2018 年被央视曝光的“长新问题”即涉事企业偷埋铅泥所致。这一事故不仅影响了地方生态文明建设大局，还严重影响了企业上市日程。经此事件后，涉事企业谋求转型，探索固废处理的办法。工业园区几个规模较大的蓄电池企业自发集资成立延伸企业，于 2018 年初正式筹备江西齐劲新材料有限公司。这家公司的主要业务是对废铅酸蓄电池及铅酸蓄电池生产企业所产生的废电池极板、铅渣、铅泥等进行综合回收利用。新企业的成立既完善了蓄电池厂循环经济产业链，还提高了蓄电池厂危险废物处理能力，杜绝了危险废弃物的非法处置。

二是陶瓷固废的循环再利用。因为盛产瓷土矿，当地的陶瓷产业也比较发达。宜丰县在 2010 年时就拥有 12 家陶瓷企业。发达的陶瓷产业，制造了大量的陶瓷固废。为解决这一问题，江西鼎盛微晶新材料有限公司针对陶瓷产业固废处理问题与高校和研究院合作，将世界首创的浮法微晶新材料技术产业化，利用陶瓷产业所产生的工业尾矿和边角余料，发展出了绿色环保新材料——微晶装饰材料。这一变废为宝的创新实践，在解决企业生态环保问题的同时，延长了当地陶瓷产业链，推动了产业发展。

工业污染治理最有效的方法是通过产业链的延伸，实现对企业污染物的回收再利用，在工业产业体系内部建立有机的污染治理循环体系。工业污染治理虽然让企业面临巨大的环保转型压力，但也推动了企业延长产业链，建立了企业固废再利用的内部循环体系，降低了企业污染治理的成本，提升了产业集群竞争力，保障了行业稳定、安全、健康和长远发展。可见，生态文明建设对企业而言不仅是压力，也是机遇，是企业进行绿色转型的强大动力。

二　政府服务与引导转型

县域工业发展高度嵌入在地方治理和地方社会中，不仅关系到县级财政等治理基础，也关系到当地居民的就业。因此，县域经济的发展具有很强的政治和社会效应。宜丰县在推进工业污染治理的同时，也注重服务和培育企业，引导企业转型升级。

（一）企业发展中的政府服务与培育

作为中西部一般农业型地区，宜丰县近年来的经济发展呈现又快又好的趋势，得益于地方政府为企业提供了较好的服务，大力支持企业发展。

1. 全方位服务

为了最大限度地促使重要企业项目安心落地当地，宜丰县开展了“降成本、优环境”专项行动，为企业提供全方位服务。

一是转变政府作风。一方面，宜丰县坚决杜绝“吃拿卡要”现象，只要企业不踩红线，各个部门就不允许找企业的“麻烦”。另一方面，宜丰县尽力满足企业的合理诉求。比如，有的企业因未批先建等历史遗留问题，办证存在困难，服务单位可以帮忙协调解决。

二是优化营商环境。宜丰县以“五型”政府建设为抓手，对标省委提出的“四最”营商环境标准，在行政服务工作中大力倡导“事事马上办，人人钉钉子，个个敢担当”，简化行政审批程序，提升行政服务效率，吸引更多企业来宜丰投资兴业。县政府为了激励各单位招商引资，承诺给予单位一定的奖补资金和税收减免，同时将引资单位确定为企业的服务单位。从企业入园的第一天开始，服务单位就要为企业提供“一条龙”服务，协助企业完成“围墙外的事”，如帮助企业完成用地审批、建筑审批、环保评估、安全评估等工作。

三是提供政策信息，协助企业申报发展项目。由于企业专注于生产和市场，对政府产业政策不甚清晰，服务单位需要关注政策信息，支持企业申报项目，为企业争取发展权益，助推企业发展。同时，对已落地、已开工的重点项目，宜丰县建立了县领导挂点制度和项目进展督查制度。

2. 精细化培育

宜丰县政府不仅注重服务企业，也注重培育企业。县政府在力所能及的范围内为企业提供技术服务以补齐企业短板。

以药品制造业为例，宜丰县的健康药品制造业主要依托当地中药材种植基地，是政府有针对性地进行产业招商发展而成的。当地政府瞄准全国医药百强企业，重点引进国内外医药大企业和战略性大项目；同时，积极与省内外高等院校、科研院所合作，引进、培养、培训一批高层次专业人才，为中医药产业发展提供人才保障，增强当地中医药产业自主创新和产品研发能力。此外，宜丰县委、县政府还积极创建院士、博士后工作站，引导更多国家级和省级重点实验室、工程技术中心落户宜丰，为创新创业人才提供更多更好的平台。截至2019年，宜丰县培育的主营业务收入超3亿元的现代制药企业有2家；“健”字号和“准”字号中药、制药企业增加到5家；按照中药经营标准化（GSP）要求培育商流骨干企业3家以上。

在激烈的市场竞争中，创新性技术是企业持续发展的关键。宜丰县在企业产品生产技术、研发制度设计、项目研发、研发项目归集、研发平台设计、知识产权规划等方面提供政策支持。目前，宜丰县已经培育了24家国家高新技术企业，40家科技型中小型企业，尝试建设一个工程技术研究中心，县众创空间2019年服务的企业有28家。

（二）政府引导与企业转型升级

在绿色生产升级转型过程中，企业面临环保及成本压力。为此，宜丰县在环保治理的过程中，非常注重工作方法，不采用“一刀切”式的整改方式，而是与企业一起应对困难，帮助和引导企业顺利实现转型升级。

在“环保风暴”中，宜丰县在加强对企业的环保治理的同时，也有意识地保护企业。首先，在企业环保检查中，政府会给予企业充分的整改时间，并针对企业的现状做合理的政策调整。比如，如果企业需要较长的时间完成整改，有关部门会有针对性地放宽期限，服务单位也会从中协调。其次，政府会积极为企业转型升级提供技术服务和指导，协助企业顺利转型。比如，江西省节能督查大队通过专家团队上门服务推动企业转型升级，宜丰县不少企业在专家的帮助下找到了设备故障，并进行了技术微调。

宜丰县还积极考察市场，科学地进行产业规划布局和产业结构调整，推动企业转型升级。宜丰县立足于实际形成的“3+1”的产业格局，实现了产业集群，提升了产业的整体竞争力，还提高了环保质量。在产业结构调整过程中，宜丰县通过技术培育与支持，推动企业从高污染高耗能产业向绿色环保方向转型，在推动企业回收再利用排放物，构建有机循环的产业链过程中，政府发挥了桥梁作用。

总之，在“环保风暴”席卷下，当地政府积极引导企业转型升级，实现了产业结构生态化，并增加了企业的科技含量，增强了企业的发展能力与市场竞争力。从长远看，政府引导下的企业转型升级是一个双赢结局，企业走上了高水平发展轨道，地方也获得了稳定的经济发展环境。最终，政企关系越来越走向良性互动状态，地方政府与企业形成了“真管真服务”的合作关系。

三　中小企业的分类治理

（一）淘汰落后产能

2019年，宜丰县出台了淘汰落后产能专项行动实施方案。专项行动以钢铁、煤炭、水泥、平板玻璃、造纸等行业为重点，通过完善综合标准体系，严格常态化执法和强制性标准实施，促使一批能耗、环保、安全、技术达不到标准、生产不合格产品或淘汰类产能，依法依规关停退出，确保环境质量得到改善，产业结构持续优化升级。

该项行动由县工信局牵头，主要从六个方面着手。其一，耗能方面，以上述行业为重点，核查企业单位耗能水平和耗能限额标准执行情况，并组织开展上半年违规企业整改落实情况的专项复查工作。其二，环保方面，督促上述行业企业依法依规安装和运行污染源自动监测设备并与环保部门联网。其三，质量方面，严格企业申请办理生产许可证符合性审查，加大力度开展重点产品质量监督抽查工作。其四，安全方面，对安全生产条件达不到相关标准的企业，责令限期整改；经整改仍不具备安全生产条件的，依法关闭。其五，技术方面，进一步排查落后产能的工艺技术装备，发现落后产能要立即进入产能退出程序。其六，产能退出，通过依法关停、停业、关闭、取缔等行政措施，或采取断电、断水，拆除动力装置、封存主体设备等措施淘汰生产线。

其中，造纸业是淘汰落后产能专项行动的重点行业。由于造纸对水体的污染很大，且宜丰县造纸企业主要生产灰标纸、箱板纸，属于需要淘汰的高耗能、高污染落后产能。开展专项行动之前，宜丰县共有6家造纸企业，这些企业的设备都比较落后，其中1家企业在20世纪50年代时就已经建立，其他几家则是80年代末期和90年代初期成立的企业。一方面，由于企业生产技术落后，每生产1吨纸，要消耗40吨水，是典型的高耗水企业，而且造纸过程中所产生的污水基本上是直接排到河流中，以一天生产5吨纸的产量计算，这些企业每天要消耗200吨水。另一方面，这些企业的利润低、缴税少，平均每家的利润大约为20万元/年，缴税30万~40万元/年，6家企业的总缴税仅180万~240万元/年。而地方政府针对造纸企业的污染治理成本每年达到千万元。目前，宜丰县6家造纸企业，已全部拆除设备或停产。对于被关停企业，宜丰县也采取了合理的补偿措施，按照生产设备类型给了25万~35万元的引导退出补助和20万元/万吨的节能退出补助。目前，已经被关停的金亿纸业，由于其所处地段水源较好，正在积极转型生产矿泉水。

另外，该县陶瓷企业也属于高耗能企业，需要按照相关标准重新安装设备。为了推动企业节能工作，提高标煤的利用效能，省工信厅组织了由专业技术人员组成的“环保节能监测大队”。上级要求“专家转一圈，光线要照到”，专家进厂找问题，监测全省范围内的高耗能陶瓷企业，用最低的成本提升生产效率。宜丰县共有10家陶瓷企业经“环保节能监测大队”评估后属于典型的高耗能企业，必须按照相关的环保标准改造能源设备。2018年，有4家企业接受了检查。一开始，这些企业“只听不做”，没有改造升级的积极性。此后，由于电费不断上涨，企业生产成本上升，这些企业有了改造升级的积极性。事实证明，节能设备改造确实能够有效提升企业效益。2019年，宜丰县有2家企业主动邀请专家检查，以便对症下药，解决好问题。正如县工信局一位干部所言：“一开始这些企业都不配合，认为这些专家是来找事整自己的，后来发现不是这样，专家来了是找真问题，是通过监测提供技术指导的，并主动为企业提供最优的改造方案，现在就接受了。”

针对部分企业生产过程中的跑冒漏问题，专家组对企业进行了技术指导，使其减少了损失。例如，当地一家电瓶企业，因为跑冒漏问题，每年损失7000万元，经过省专家组的检查，发现了超能问题并对其进行技术指导，该企业解决了跑冒漏问题后，避免了损失。截至2019年12月，宜丰县有10家陶瓷企业和2家电瓶企业接受了节能监测检查。

在专项行动中，宜丰县依法淘汰了黏土砖瓦窑等落后工艺、装备和产品。该类企业中整改达标无望的生产线，直接淘汰；经过整改仍不达标的，依法报请县人民政府责令关停。与此同时，政府有关部门指导相关企业、科研单位开发并推广砖瓦窑炉烟气脱硫、脱硝、除尘综合治理的成套技术装备，鼓励砖瓦企业使用清洁燃料。

（二）整治“散乱污”企业

为严厉打击环境违法行为，有效解决突出的环境问题，宜丰县开展了全面整治“散乱污”企业（场所）专项行动。一是落实属地管理责任，建立属地自查上报机制；二是铁腕执法，与属地政府、工信、供电等部门形成联动机制；三是将整治工作进展通过县生态环境保护委员会办公室进行通报，并抄报县主要领导，对清理整治工作推动不力的属地主要领导，由县纪委监委约谈；四是结合产业政策、建设地点、县情实际，分析研究行业整治难点问题，以出台相关文件、召开现场工作会等形式引导“三个一批”有效落实；五是建立项目准入常态化工作机制，从源头上控制“散乱污”企业（场所）；六是开展“僵尸企业”清理整治工作，防治“散乱污”企业（场所）游击式生产。

“散乱污”企业（场所）有严格的确定标准。根据厂房道路干净整洁度、房屋结构、粉尘状况、是否存在安全隐患等，有关部门会做出准确判断。宜丰县“散乱污”企业（场所），80%是竹木加工厂，其余则是水泥厂和采砂场等。宜丰县盛产竹子，竹制品初加工在当地有历史传统。当地竹制品加工企业以小作坊为主，且未形成产业链，没有进行产业技术的升级，仍然采用的是简单加工方法，容易产生粉尘污染，并且竹制品加工需使用硫熏等化学方法，也容易产生其他污染。因此，竹制品加工企业的污染主要包括噪声污染、使用漂白剂造成的水污染、竹子切割产生的粉尘污染。

针对木竹行业的“散乱污”企业（场所），宜丰县主要采取了三个方面的措施。其一，对规模小、效益低、资源浪费严重、年纳税在5万元以下的企业，加工许可证不予年审。按照要求，这些企业需要安装环保设备，否则就面临关停处理。环保设备投入为20万元左右，一些经营效益差的竹木加工企业因无条件安装环保设备，被责令关停。以天宝乡为例，天宝乡原有竹木小型加工企业五六十家，在“散乱污”企业整治中，关停了30余家。

其二，对县工业园区内的有关企业，开展木竹经营加工资质排查工作。未办理木竹经营加工许可证的“黑企业”“黑加工点”，由林业局、森林公安局没收原材料及产品。宜丰县通过对森林资源使用终端的清理整顿，规范了木竹加工企业的经营行为，既保护了森林资源，也促进了木竹生产的深加工，为大型木竹生产企业的发展创造了条件。

其三，规范木竹加工企业的经营行为，全面开展清理木竹加工企业原材料收购、台账专项行动。有关部门对全县所有木竹加工企业的原材料、库存产品数量进行全面核查，对照原材料入库台账、产品放行台账，查现有原材料、库存产品的合法性，并提出查处意见。对超范围经营加工的企业，采取责令停业限期整改的措施；对涉嫌非法收购、经营加工阔叶林木材的，采取坚决予以取缔，轻者吊销营业执照，重者追究刑事责任的措施。

此外，宜丰县还采取断然措施全面禁止河道砂石开采。

2017年，宜丰县开始停止办理采砂许可证；2018年，宜丰县关闭了32个采砂点，其中包括13个分别投入上百万元的大型采砂点；2019年，宜丰境内河流上的采砂点也全部被关闭。

宜丰县全面禁止河道砂石开采的工作开展得非常顺利。这有两个主要原因：一是宣传到位，生态文明建设是大势所趋，相关企业也理解地方政府的环保行为；二是依法行政，宜丰县提前布局，停止办理采砂许可证，有关企业的合同已经到期。“一刀切”的关停政策影响了地方砂石的供需市场。目前，宜丰县根据砂石储量，通过重新规划、重新选址，采取轮点采砂、避开水源保护区和桥梁等措施科学采砂。

截至目前，宜丰县共排查出“散乱污”企业168家，绝大多数完成了整改，其余正在逐步推进整改之中。其中，拟关停取缔类企业74家，已完成企业69家，整改完成率93.2%；拟整合搬迁类企业2家，已完成企业1家，整改完成率50%；拟升级改造类企业92家，已完成企业48家，整改完成率52.2%。

四　适当保护民生企业

县域工业经济具有嵌入性特点，即县域工业经济发展必须兼顾社会效益、经济效益和生态效益。该县农民半工半耕的家计模式与当地工业发展存在直接关系。中西部的县级财政基本上以“吃饭财政”为主，在推动生态文明建设的过程中受到严格的财政约束。因而，在环保治理过程中如何兼顾经济效益、社会效益和生态效益，是必须解决的重要问题。以宜丰县散落在边远山区的竹木加工企业为例，“环保风暴”中必须考虑以下几个方面因素。

第一，虽然这类企业多数为中小型企业，但都是劳动密集型的企业，不同的企业能够提供 20～40 个就业岗位，留守在家的“4050”人员是这些企业的主要工人。尽管这些竹木加工企业是家庭作坊型企业，年产值只有 100 万～200 万元，利润在 20 万左右，具有规模小、利润薄的特征。但这些企业是收购周边乡村农户毛竹的主力军，而毛竹收入是当地林农家庭的主要收入。由于这些企业就在当地乡镇，当地农民可以就近务工、按时计酬，这样他们既能照顾孩子也能充分利用空余时间补贴家用。对地区社会而言，零散的短工劳作好过闲来无所事事，在一定程度上可以说，竹木加工企业既有经济效益也有社会效益。

第二，这些企业虽小，但由于数量众多，在地方税收中占有一定比例。因而，站在地方政府的角度来看，这些中小企业也是有一定经济效益的。若每个中小企业能够吸纳一二十个人就业，便为留守在农村的老人和妇女提供了灵活就业的机会。据了解，宜丰县中小企业有 168 家，其中竹木加工企业占了 80%，如果按每个企业平均提供 30 个就业岗位计算，即有约 4000 个岗位，基本上每个岗位的背后都是一个家庭。若地方政府不讲策略地关停这些中小企业，不仅会影响企业主，还会影响农民家庭的生计。在这个意义上讲，地方政府在环保治理过程中必须讲究策略，过于激进的措施可能引发社会稳定问题。

第三，按照当前的环保标准，这些中小型企业确实会影响生态效益。首先，这些企业的原材料是当地最具生态价值的竹林和森林，过度砍伐必然造成不良后果。以江西宏丰人造板有限公司为例，该企业鼎盛的时候每年缴税达 2000 万元，政府当时为了支持该企业发展，全县可以砍伐的木材中 70% 都成为该企业的原材料，从客观上而言，破坏了全县的原始森林。

该企业于2010年左右被关停。其次，这类企业在加工原材料过程中确实产生了噪声污染、水污染和粉尘污染，如何采取有效措施减少这些污染，是地方政府和企业共同的责任。在环保治理过程中，有必要考虑当地老百姓对污染的承受能力。有些污染，从相关技术和标准的角度来看，属于客观的环境污染，但对生活在此地的普通民众而言，可能就算不上污染。比如粉尘污染和噪声污染，如果这些企业本来就远离村落，对老百姓而言污染便不存在。如基层干部所言，“又想在家挣钱，又想要高标准的环境，老百姓都知道是不可能的”。因而，普通民众在权衡经济、社会和生态效益之后，并不完全排斥中小企业。

宜丰县政府考虑到当地中小企业背后的民生问题，对中小企业主要采取“疏堵结合、分类治理”的方式进行整改。

一是“堵”。对于部分厂址地理位置不合适，对水源保护、居民生活产生严重影响的小企业，宜丰县采取限时整顿或搬迁措施。若企业拒不执行，则采取断电措施迫使其停止生产。竹木加工厂的主要污染是水污染，污染防治的关键是有效监督企业使用漂白剂。为此，宜丰县采取了以下措施：一般以乡镇为单位，由乡镇政府规划一片工业用地，让乡镇范围内的同类中小型企业集中进行生产。这一方面有利于政府监督，另一方面也使得企业合作的可能性增加，通过政府引导促使企业按比例投入资金安装污水处理设备。

二是“疏”。县级职能部门在执行政策时，需要处理好“向上求同”和“向下求同”的关系。向上求同就是尽管“一刀切”的政策不一定符合基层实际，但地方上的污染防治要获得上级的认同。而向下求同就是要学会做群众工作，地方政府在执行政策的时候要因地制宜。

综上所述，环保治理要适当给予职能部门一定的“政策转化空间”。在中西部地区，企业所面对的环保整治成本和绿色转型压力较大，地方政府在进行企业环保整治时需要给予职能部门一定的政策转化空间，使职能部门在执行环保政策时不过于机械和激进，给企业进行绿色转型创造发展的空间。具体来说，政府在推动职能部门执行环保政策时，不宜确定过于细致的、标准化的目标，同时也不宜将考核任务过于指标化、刚性化。这样，职能部门才可以根据企业的实际情况有针对性地调整政策，让政策更适宜当地企业的绿色转型。同时，地方政府也有更充足的时间来应对环保治理可能导致的偶发事件。

第三章　产业培育：生态经济化

在合理化利用生态资源的基础上，推动生态资源与绿色产业的良性互动，实现生态资源经济化，是生态保护与经济社会发展和谐共生的可行路径。习近平总书记强调，“绿水青山就是金山银山，保护生态环境就是保护生产力，改善生态环境就是发展生产力”。宜丰县利用境内丰富的生态自然资源，在发展绿色农业、绿色林业、绿色食品加工、旅游颐养等绿色产业上大做文章，将生态资源合理开发对接绿色消费市场，实现了生态资源经济化。宜丰县的经验表明，生态环境保护与经济发展并不是非此即彼的零和关系，保护生态环境也可以是保护生产力。

一　生态经济化：绿色产品消费增长与生态环保的耦合

改革开放四十年来，我国社会生产力水平显著提高，解决了十几亿人的温饱问题。在生活条件大幅度提高的背景下，一部分先富裕起来的人们对生活品质有了更高的要求，生态理念不断融入人们的日常生活中，生活消费呈现生态化的特征。人们在选择食品、生活用品、衣物等消费品上更加注重健康、绿色与生态环保。而且，在生态环境退化的背景下，良好的生态环境本身也成了人们追捧的消费品。在生态消费理念的推动下，产品的绿色化含量成为市场竞争力的关键因素，由此形成了生态与产业的良性互动关系。产业绿色化含量不断提高，生态产业化也成了一个普遍现象。

绿色产品消费的增长为宜丰县将生态资源优势转化为产业发展动力提供了历史性契机。宜丰县境内生态资源丰富：一是森林资源丰富，宜丰县森林覆盖率71.9%，活立木蓄积量1076.45万立方米，林地面积211.2万亩，竹林面积87.23万亩，活立竹蓄积量1.2亿株；二是水资源总量丰富且优质水资源储存体量大，宜丰县年均降雨量1720.6毫米，年均水资源总量22.39亿立方米，其中年均地表水资源量18.02亿立方米，地下水资源量4.37亿立方米；三是气候好，宜丰属于亚热带温暖气候区，年平均气温17.2摄氏度。

在生态文明建设背景下，宜丰县委、县政府转变传统的高强度资源利用的粗放式经济发展模式，在合理利用生态资源的基础上，推动生态产业化。具体而言，宜丰县利用境内丰富的富硒土地资源、毛竹资源、优质水资源、优质空气资源，大力打造绿色农业、绿色林业、绿色食品加工业、旅游颐养等生态产业。从实践效果来看，宜丰县通过大力发展生态化产业，有效地实现了经济发展与生态保护的双重目标。宜丰县通过绿色产品的高附加值实现了经济收入的稳定增长，通过生产过程的生态化和生态资源的合理利用，实现了生态保护目标。

二　“两山”变“金山”：构建绿色产业发展体系

宜丰县境内有着丰富的自然生态资源。宜丰县委、县政府在保护生态资源的基础上，紧密结合绿色产品消费市场，合理开发和利用生态资源，构建了绿色农业、绿色林业、绿色食品加工业、旅游颐养等绿色产业体系，有效地实现了生态资源的经济转化。

（一）绿色农业

随着人们生活水平的提高，部分中高端消费者越来越重视农产品的质量问题。无公害、绿色、有机等产品标签背后有不同等级的附加值，其中有机农产品处于附加值顶端，绿色产品次之。例如，普通大米的市场价格是3～5元/斤，而有机大米的价格每斤能卖到10元以上。

1. 农业污染防治与绿色、有机农业的发展

在农业种植领域，宜丰县早在2004年就制定了绿色产业发展规划。具体而言，地方政府通过农资产品源头治理和农产品绿色有机认证两种方式来引导绿色种植，以达到种植业污染防治的目标。

一是农资产品源头治理。在种植领域，水土环境保护与农业生产过程中使用的肥料、农药等农资产品的质量和类型直接相关。例如，使用化肥和生物有机肥对土壤的影响是不一样的，化肥高效但会造成土壤板结，而生物有机肥的效率相对较低，但对土壤产生的破坏性较小。因此，要防治农业面源污染，必须进行农资产品源头治理。目前，小农户生产过程中使用的化肥、农药、种子等农资产品主要由市场提供，对农资产品进行源头治理的主要途径是加强农资市场的监管。宜丰县相关执法监督部门非常注重对农资市场的监管，例如，对高毒性农药采取定点销售措施，2018年全县设置了7个高毒性农药销售点，农户购买农药须进行实名登记。

二是农产品绿色有机认证。引导农产品进行绿色有机认证是宜丰县推进防治种植业领域农业面源污染的第二项重要工作。只要农产品被认证为是绿色的、有机的，那么其生产过程中所使用的农资产品对水土的破坏性就是较小的。对农产品进行绿色有机认证必须对土壤、产品进行检测，对生产过程进行严格监管，其实质是一种以结果为导向的末端治理方式。宜丰县通过两种方式推进农产品绿色、有机认证工作：给农户或农业企业与第三方检测机构牵线搭桥；对产品认证成功的生产主体给予财政奖补。县财政对新通过认证的每个绿色农产品奖补2万元，每个有机农产品奖补3万元。目前，宜丰县已经认证的“三品一标”产品共有126个，其中无公害农产品18个、绿色农产品22个、有机农产品84个、国家地理标志农产品2个，正在认证的绿色食品3个，通过认证的绿色有机原料基地面积达52.5万亩。

在农资产品源头治理和农产品绿色有机认证的共同作用下，宜丰县的农业污染防治工作取得了显著成效。宜丰县是国家首批绿色农业示范区建设单位、首届全国安全优质农产品十大生产基地、江西省绿色有机食品十强县、省级绿色有机农产品示范县、国家农产品质量安全创建县。

2. 发展高附加值的富硒农产品

围绕宜春市“百万富硒产业基地”的建设目标，宜丰县着力抓好富硒大米、富硒油茶、富硒中药材、富硒果蔬、富硒竹笋、富硒蜂蜜、富硒禽蛋七大产业基地建设。目前，宜丰县已完成富硒基地面积5.7万亩，产值5.04亿元。其中，千亩连片示范基地6个，分别为江西省九源丰农业开发有限公司、宜丰稻香南垣生态水稻合作社、宜丰县清泉家庭农场、江西福农丰农业开发有限公司、宜丰县太阳坑种养专业合作社、江西九岭原生精品农业开发有限公司。

县委、县政府坚持把富硒产业作为推进宜丰农业高质量转型发展的突破口，作为打通绿水青山到金山银山双向通道的重要措施，作为“生态 + 大健康”产业的首位产业。为此，宜丰县建立了高位推进机制。

一是加大财政投入。宜丰县计划于 2019 ~ 2021 年每年安排不少于 500 万元资金用于支持富硒产业基地建设、科技创新、品牌创建和宣传推介等；综合运用以奖代补、财政贴息、股权融资、过桥资等措施，扶持全县富硒产业发展。二是通过招商引资来推动富硒产业的高标准发展。2019 年，宜丰县引进山东省鲁盛农业科技发展有限公司，该公司在宜丰投资 2.8 亿元，建立 400 亩多连体蔬菜大棚示范基地。另外，江西正宜农业发展有限公司在宜丰投资 1 亿元，发展特色种植 3000 亩。

目前，宜丰县对县域内的富硒大米、果蔬、油茶、中药材、蜂蜜、畜禽、茶品等规模基地及其产品进行硒含量检测认定，对检测合格的统一制定固定标识牌，逐步让宜丰富硒农产品“源头可溯、程序可溯”，目前已送检样品 40 余个。高附加值的富硒产业在宜丰县已基本成形。

（二）绿色林业

宜丰县气候温暖湿润，非常适合各种竹类植物的生长。近年来，宜丰县一直把竹产业作为县域经济发展的主导产业来抓，紧紧依托毛竹资源优势，通过搭建政策服务平台、资源培育平台、政企连接平台以及创新融资平台，激发了全社会发展竹产业的积极性，使全县竹产业得到了快速转型。全县现有各类竹加工企业 118 家，其中规模以上企业 6 家，产品涉及竹胶板、竹地板、竹家具、竹工艺品、竹筷、竹拉丝、竹碳、竹纤维、竹汁饮料等十几个系列，上百个品种，有专利产品21个，江西名牌产品1个，江西著名商标4个，宜春市知名商标2个。2018年，全县竹产业产值达到12.1亿元。近年来，随着政府和企业不断加大产品开发和投入力度，竹家具、竹工艺品、重组竹集成材等新型产品相继问世，开辟了以竹代塑、以竹代木、以竹代钢的新时代。

宜丰县也是油茶的传统产区，自2009年被列为全国高产油茶发展重点建设县以来，宜丰县委、县政府高度重视油茶产业的发展，颁布了《进一步扩大油茶规模提升产业化水平的实施意见》。宜丰县以龙头企业为依托，开发油茶新产品、延伸油茶产业链，油茶产业水平得到显著提升。

毛竹产业和油茶产业的发展赋予了森林更高的经济价值，促进了森林资源保护。2009年以来，宜丰县共完成了毛竹低产林改造面积20万亩，竹林面积从10年前的84万亩增长到了当下的87.2万亩。同时，油茶林的面积和质量也获得了双重提升。2009年以来 ，全县新造高产油茶林4.5万亩，改造低产林3.5万亩。到2020年，全县高产油茶林发展到8万亩，总油茶林面积达到了12.5万亩。

（三）绿色食品加工

宜丰县健康食品产业以当地水资源为基础，主要建设特色高端的优质矿泉水产业基地。目前，江西百岁山食品饮料有限公司和江西山露矿泉水有限公司是龙头企业。借助龙头企业的带动，当地引进了3～4家矿泉水知名企业，优质矿泉水年生产能力达到200万吨。宜丰县正在加速新的矿泉水资源勘探，以整合开发矿泉水资源，打造全国优质矿泉水产业集群。

绿色食品产业利用当地资源优势，发展中药材饮品、竹汁饮品、啤酒、果酒、保健酒等系列产品。传统食品企业转型升级后，发展了中高端健康饮料。依托优质竹笋、猕猴桃、茶油等资源，当地传统食品产业向第二、三产业结合的旅游休闲食品产业延伸。宜丰县绿色食品产业的发展有两个特征。一是硬饮与软饮相结合，以优质的矿泉水为基础开发酒类产品，以丰富的毛竹资源为基础开发竹汁饮料，以中药材为基础开发保健饮品，产品结构合理、品种丰富，产品附加值高，产业集群初步形成。二是健康养生饮品与医疗康复、商务旅游产业相结合，产品转向“更营养、更多元、更个性、更便捷、更智能、更合作”的低热量饮料、健康营养饮料、冷藏果汁饮料、活菌型含乳饮料等，构建了绿色大健康养生产业链。比如，中奇金域生物科技有限公司在政府支持下，做优做强了多糖固体饮料和虫草香菇多糖饮料。

（四）旅游颐养产业

宜丰县利用其生态、资源、区位、交通等优势，积极开拓生态康养旅游产业，进一步释放了森林保护的经济效益。

在发展旅游颐养产业的总体思路上，宜丰县主要从三个方面入手。一是大力推进全域旅游样板创建，打造以“竹禅两园、禅镜洞山、黄檗山景区”为核心的禅文化研修观光区，以“潭山、天宝、黄岗山”为核心的古文化、红色文化旅游区，以“九天旅游、长青厂、官山”一带为核心的生态休闲旅游区。二是突出田园综合体建设，抓住乡村振兴战略这个契机，深入挖掘民俗文化、农耕文化、田园文化、风土人情、风俗习惯等人文元素，在乡村庭院设计、环境美化、建筑风格以及桌椅用具等方面彰显当地自然与文化的魅力，做到“一村一韵”“一步一景”。三是充分利用当地优美的自然环境和森林资源招商引资，实现跨越式发展，仅在 2019 年宜丰县就引进了“生态 + 大健康”项目 7 个，合同资金逾 34.13 亿元。

在推动县域旅游颐养产业发展的具体行动中，宜丰县主要从以下几方面提升旅游颐养产业品质。

1. 体育旅游提升行动

在体育旅游提升行动中，宜丰县主要做了两方面的工作。一是做大“九天漂流”品牌，大力开发户外拓展、登山攀岩、水上运动等户外康体产品，建设一批山地户外运动基地、水上运动基地、汽车露营基地、研学旅行基地和康体健身园。九天国际旅游度假区于 2016 年由社会资本投资建设，该度假区经营近 4 年，正在加大配套设施建设力度，形成品牌优势。二是积极配合推进环昌铜生态经济带自行车拉力赛，形成运动休闲特色品牌，加强体育健身、体育赛事、体育场馆与旅游开发的关联互动，开发体育旅游路线和产品，打造体育健康旅游示范基地。

2. 禅修旅游提升行动

在禅修旅游提升行动中，宜丰县具体开展了两方面的工作。一是依托“曹洞宗祖庭”宜丰洞山禅宗资源，创建 4A 级旅游景区，大力开发禅修、禅学、禅养项目，开发健康素食等养生产品，把洞山打造成名副其实的养心修心胜地。洞山位于宜丰县北部，距宜丰县城 21 公里，是佛教曹洞宗祖庭，集佛教文化、自然生态于一体的旅游胜地。景区原始森林中有景点 20 余处，如普利寺、价祖塔、苏辙诗石刻、木鱼石、七仙桥、千年罗汉松、牛头山塔林等多处佛塔林。目前，宜丰县已着手进行保护性开发，依靠财政投入开展基础设施建设。2019 年，景区完成了公路硬化与拓宽、游客服务中心、生态停车场、公共厕所等基础设施建设，安置了 16 户拆迁户，项目投入总金额达2000万元。

二是改造提升国家3A级景区东方禅文化园，把“禅竹两园”打造成集旅游、禅养、研修、休闲度假和影视拍摄基地为一体的禅养文化创意园区。“禅竹两园”拥有竹林面积约1200亩，目前引进湖南哲悦传媒有限公司对“禅竹两园”进行提升，总投资4亿元。提升工程主要包括改造“禅竹两园”的道路、水系、亮化工程，建设禅修院和禅修民宿、药汤康养野宿酒店、美食及民俗文化商业区、罗汉林、林间小屋等网红景点。

3. 乡村旅游提升行动

宜丰县乡村旅游提升行动主要包括两个方面的工作。一是依托“潭山温泉”发展康养小镇。潭山温泉位于潭山镇洑溪村，是珠海天沐温泉旅游投资集团开发的文旅综合项目，总投资约3.8亿元。其中，经营性设施建设投资约2亿元，包括潭山镇温泉汤集项目、古树长廊汤宿集群项目和县城精品酒店项目；用地和配套项目水、电、路、污水处理等投资约1.8亿元。潭山精品温泉酒店集群占地约300亩，建筑面积约8655平方米，核心景观面积约15000平方米，投资约1.2亿元；古树长廊稻田酒店占地约40亩，建筑面积约2428平方米，核心景观面积约8000平方米，投资约0.35亿元。项目结合禅宗文化、农耕文化、中医药文化等，为温泉康养注入文化魅力，打造禅泉、农泉、药泉等具有多种内涵的旅游康养温泉，将潭山建设成为温泉颐养小镇。

二是依托黄岗镇、车上林场等地的现代特色种养业，打造田园生态综合体，开发一批乡村民俗风情产品和休闲农业旅游产品。田园生态综合体的发展方向是开发一批田园观光、果蔬采摘、农耕体验、特色种植、民俗文化项目以推进农旅融合。

黄岗山垦殖场七彩炎岭村的打造项目，由该村的村支部书记牵头。具体做法是，实施土地流转打造花海景观，发展采摘农业（草莓、杨梅、火龙果等）。2020年，宜丰县继续重点推进天宝古城综合开发项目。该项目主要由江西省旅游集团负责，预计投入16个亿。该村落目前保留了上百栋明清建筑。目前的主要工作是让原居民搬离村落，全部集中到集镇安置，将老房子流转给开发商进行整体改造。在天宝古城综合开发项目的股份分配上，县级政府占30%的股份（以地入股），开发商占70%的股份。另外，地方政府还在庙前村建设红色教育基地和廉洁文化教育基地。

4. 健康养老产业

在健康养老产业孵化行动中，宜丰县主要开展了四个方面的工作。一是加快完善以居家为基础、社区为依托、机构为补充、医养相结合的多层次养老服务体系。宜丰县为了缓解机构养老供需矛盾，重点推进供养型、养护型、医护型养老机构建设，提高护理型养老床位的数量，满足老年人特别是失能老年人对机构养老服务的需求。二是鼓励社会力量参与各类养老服务设施的建设和运营，利用“互联网+”技术积极为老年人提供生活照料、医疗卫生、康复护理、精神慰藉、文化娱乐、体育健身、金融理财等多样化养老服务。三是加快完善医疗机构与养老机构协作机制，鼓励开通养老机构与医疗机构的预约就诊绿色通道，推进养老机构的医疗护理、康复保健能力建设。四是发挥自然生态环境、气候条件以及旅游资源等优势，建设一批面向国内外高端人群的颐养型养老机构和连锁度假式健康养老基地。宜丰县还在全县加强老年人活动中心、健身步道、休闲广场等老年活动场所和便利设施建设，加快已建成设施的适老化改造，改善老年人居住环境。

三　生态经济化的宜丰经验

改革开放以来，我国经济发展取得了举世瞩目的成就，已经成为世界第二大经济体，2019 年人均 GDP 超过 1 万美元。但是，这些经济发展成就也带来了资源过度攫取、环境污染严重等问题。党的十八大报告指出，“把生态文明放在突出地位，融入经济建设、政治建设、文化建设、社会建设各方面和全过程中”，由此形成了五位一体的战略。习近平总书记提出“我们既要绿水青山，也要金山银山”，也就是说，我们既要经济发展，也要良好的生态环境，经济发展需要环境硬约束性条件，要发展绿色 GDP。由此，我国的发展模式逐步走向以提高资源环境生产与利用效率的生态化经济发展模式，形塑了生态与产业良性互动的发展模式。

生态化经济发展模式主要有两种类型：一是经济生态化，其核心是产业经济的绿色化，在维护生态平衡的基础上合理开发自然资源，把人的生产方式、消费方式限制在生态系统所能承受的范围内；二是生态经济化，通过开发利用生态资源促进区域社会经济发展。中国是一个幅员辽阔的国家，不同地区的资源禀赋、经济发展基础和条件存在巨大差异，东部地区与中西部地区产业发展之间存在显著差异。在生态化经济发展模式下，不同地区应根据自身的自然资源禀赋和发展基础选择与其相匹配的发展路径。经济基础较好、产业发展成熟的地区，可以选择经济生态化的发展类型，对产业进行绿色升级；产业发展基础薄弱，但自然资源丰富的地区，可以走生态经济化的发展路径，通过生态资源资产化来推动区域经济增长。

在经济发展生态化转型过程中，宜丰县结合自身的经济发展基础和生态资源禀赋，采取了经济生态化和生态经济化两条腿走路的方式，在经济发展与生态保护之间找到了相对平衡点。一方面，当地通过淘汰落后产能、建立产业循环经济、招商选资等方式推动了产业生产过程的绿色化；另一方面，当地通过将境内丰富的生态资源资产化，构建了绿色农业、绿色林业、绿色食品加工业、旅游颐养等绿色产业体系。宜丰县的发展具有其特殊性，便利的交通网络体系和丰富的生态资源构成了其经济发展的两大基本要素。但宜丰县也具有一定的代表性，它的发展路径意味着中西部自然生态资源丰富的县（区）可以构建合理的绿色产业体系，为生态资源经济化提供了可供借鉴的经验。

中 篇

绿色治理

生态警察中心监控平台

林区监控中心

环境信息监控平台

环境监控平台

生态警察现场执法

城镇扬尘处理

长塍河流域垃圾清理

河长制河道清理

石市镇污水处理厂

工业园污水处理厂

炎岭村污水处理设施

生活垃圾智能分类

乡村垃圾分类

白市矿山环境治理

水产养殖污染整治

新庄镇口溪村宅基地改革拆除现场

拆除禁养区养殖场

路域环境整治

路域环境整治

按语：绿色治理体系的重构

宜丰县将生态文明建设置于县域治理的重要地位，建构了规格高、覆盖面广的绿色治理体系。生态文明建设不仅是一项部门工作，还是县委主要领导统筹、多部门联动的中心工作。

生态环境保护涉及面广，分布于各个职能部门。以生猪养殖业污染防治为例，就涉及环保部门、农业（畜牧）部门、城乡规划部门、发改部门、财政部门、物价部门、林业部门、水利部门、国土部门、工商部门、公安部门、供电部门等。因此，宜丰县建立了部门联动机制。一是明确牵头部门与配合部门。各职能部门虽是平级单位，且各职能部门有其明确的职责和任务，人少事多是各职能部门存在的共性问题，但是，在落实生态环境保护的具体工作中，各职能部门有义务配合牵头部门工作。二是成立领导小组，确保高位推进生态文明建设。领导小组由县级领导班子成员任组长，通过行政权威来统筹、协调相关职能部门的工作。

为有效推进生态文明建设，宜丰县非常注重体制机制创新。这其中，生态警察中心及生态文明建设网格化管理就是亮点。生态警察中心是县委直属机关，被定位为县委统筹生态文明建设的重要抓手、生态环境综合执法改革的平台、生态文明建设政策综合叠加的窗口。具体而言，生态警察中心整合了公安局、工信局、畜牧水产局、林业局、农业农村局、市场监管局、水利局、城管局、住建局、自然资源局、森林公安局、生态环境局、安监局13家生态环境管控重点单位的相关职能和人员，全面实施生态文明建设网格化管理。在实践中，生态警察中心结合13个部门的力量，在组织内部实现了部门职能整合，是对科层制的重构。可见，生态警察中心的机构设置是一种体制机制的创新，同时彰显了生态文明建设作为宜丰县域工作的中心地位。

在宜丰县生态文明建设的这场“马拉松”中，政府并不是唯一的运动员。宜丰县委、县政府十分注重动员社会力量，构建多元主体参与机制。新农村建设就是一个很好的示例。2006～2017年，宜丰县每年推进约40个村的新农村建设。2017年，宜丰县新农村建设速度提升，提出花四年时间将全县农村“扫一遍”的目标。宜丰县的新农村建设以自然村为单位推进，26户及以上的自然村被列为省建点，政府投入30万元资金进行建设；25户以下的自然村被列为自建点，政府投入20万元资金进行建设。在新农村建设过程中，具体建设什么，做哪些项目，均由自然村内部自主协商，县、乡政府均不干涉。因此，生态文明建设不仅让政府资源有效满足了农民需求，还在很大程度上激活了村民自治。

第四章　综合治理：生态警察中心与生态文明建设网格化管理

党的十八届三中全会通过的《中共中央关于全面深化改革若干重大问题的决定》明确要求，要加强食品药品、安全生产、环境保护、劳动保障、海域海岛等重点领域的基层执法力量。生态环境执法事项散落于国土、农业、水利、林业、城管等部门，执法领域职责交叉、权力碎片化、权责脱节等体制性障碍突出，“九龙治水”的局面长期存在。按照国家生态文明试验区建设实施方案中“打造生态环境保护管理制度创新区”的战略定位，宜丰县积极推动生态综合执法机制改革，在生态文明建设体制改革中先试先行，首创生态警察中心，努力构建与高质量发展相适应的生态环境管控体系。

生态警察中心是宜丰县委、县政府直属正科级事业单位，具有独立的组织架构、人员编制和工作经费，其定位是县委统筹生态文明建设的重要抓手、生态环境综合执法改革的平台、生态文明建设政策综合叠加的窗口。生态警察中心以县环境信息化平台调度指挥中心为依托，与各有关部门单位执法机构建立协同联动机制，实现了各部门单位生态环境执法工作与各乡镇（场）、工业园区的属地管理无缝对接。为织密监管网络，2020年，宜丰县将县生态警察中心升级为县生态文明建设网格化服务管理中心，同时在各乡镇设立生态文明建设网格化管理大队，建立县、乡、村、组四级网格，形成社会治理的“大网格套小网格”综合管控体系。

宜丰县的生态警察中心，通过生态文明建设引领部门联动和综合管控，为地方治理体制机制创新提供了借鉴。其一，生态警察中心作为生态综合管控机构，建立了制度化和常态化的跨部门协作机制，提高了综合执法的效率。一方面，综合性统筹和专业化分工相结合。生态警察中心在综合执法的过程中，将权责模糊的新生治理事务统合起来，再细分到各职能部门，实现了非常规事务常规化、模糊职能清晰化，进而强化了科层职能分工。另一方面，常规治理和集中整治相结合。生态警察中心通过快速办结业务等高效处置体系，有效地解决了日常性的环境问题，同时还牵头多部门开展联合执法专项行动，加大对夜宵摊、洗砂场、渣土车等社会发展遗留问题的整治力度。常规治理和集中整治相结合，能够实现运动式治理常规化，建立生态保护的长效机制。宜丰县生态警察中心的经验意义在于，在建设生态文明的过程中建立了多部门联合执法的常态化机制，通过综合执法的机制创新，达到了地方治理体系体制创新的目的。

其二，生态警察中心依托于环境信息化平台，通过“生态大数据 + 综合执法”建立治理前置机制，实现末端治理向源头治理转变、被动治理向主动治理转变。环境信息化平台则通过技术手段实现全过程全场域监控，起到了执法权力高度在场的警示作用。宜丰县环境信息化平台还建立了多功能集成化分析预警系统，能够准确地监控污染源，并在指标异常时及时发出预警，使环保治理从事后应急向事前预防转变，防止了污染问题扩大化。生态环境污染具有面源属性，由于水、大气等污染具有较强的流动性、扩散性和负外部性，基于属地责任的分散治理方式，效果有限。宜丰县通过环境信息化平台将部门协作提前至污染源头治理，提升了多部门联合执法的统筹层级，生态警察中心成为有效的部门联动机制的核心因素。

一 生态警察中心概况

宜丰县的生态警察中心是“1 + 13 + N”的生态文明建设网格化综合管控机构。“1”即生态警察中心，负责组织、实施全县生态环境问题综合管控工作，指导、协调、督查、督办各派驻单位环境问题综合整治，针对环境突出问题，群众反映强烈、社会影响恶劣的环境污染问题进行联合执法。“13”，即整合公安局、工信局、畜牧水产局、林业局、农业农村局、市场监管局、水利局、城管局、住建局、自然资源局、森林公安局、生态环境局、安监局 13 家生态环境管控重点单位的相关职能。同时，在县公安局内部成立环境侦查大队，加强行政执法与刑事司法整合，加强环境犯罪案件侦办，震慑生态环境违法者。“N”，即建立多个单位参加的联席会议制度，由生态警察中心牵头，定期、不定期召开有关乡镇（场）、部门单位联席会议，通报、研判生态文明建设管控问题，形成推进工作的合力。

（一）组织架构

生态警察中心各项工作在指挥部的统领下开展，由县委书记任总指挥，县长及分管县领导任副总指挥，生态环境局局长兼任生态警察中心主任，安排一名科级干部担任中心常务副主任负责日常工作。生态警察中心目前共有 17 名工作人员，其中 1 名是生态警察中心副主任，另外 16 名则由 13 个局级单位各派1至2名人员，在生态警察中心集中办公。派驻人员全权代表本单位协调处理事务，他们的年龄集中在25～45岁，80%为中共党员，100%拥有执法资格。在生态警察中心统筹下，13个派驻单位按照分工履行相应的职责，实现了综合执法权的常态化在场。

生态警察中心内设中心办公室、受理中心、办案中心和信息中心，16名工作人员在中心的调配下分组和分工合作。一般性的生态环境问题，由中心16名工作人员直接处理，涉及需要进一步整改、彻查、下达处罚书的，由相关业务职能部门办理，而需要联合执法的复杂问题，则由生态警察中心牵头多部门联合治理。不同层级问题，不仅处理主体不同，协调主体也不相同。其中，处理一般案件的全体队员，由办案中心的2名中队长协调；各县局单位的分管领导则由生态警察中心的常务副主任协调；而出现部门之间的问题时，则由县委书记督办。因此，生态警察中心的内设机构，不仅通过相应的权责体系明确了工作人员的职能分工，还建立了处理生态环境问题的层级过滤体系。

此外，相关职能部门的工作人员在生态警察中心集中办公，以提高生态警察中心的业务能力。其一，工业园区环保站的11名工作人员。工业园区环保站是县生态环境局在工业园区的派驻单位，与生态警察中心相比，其处理环保问题的专业化程度较高，能够提供相关的业务支持。其二，县公安局环境侦查大队的3名工作人员。环境侦查大队是县公安局的派驻单位，负责食品药品环境侦查处置工作，和森林公安局联合开展有关事项处置工作。其三，工业园区的3名工作人员，主要负责协调工业园区的相关业务。以上部门派驻的工作人员人事关系不归生态警察中心，但都在生态警察中心设置办公场所，协助生态警察中心开展生态环境治理的业务。

2020年，宜丰县对生态文明建设进行职能整合和组织重构，组建县生态文明建设网格化服务管理中心，进一步强化生态警察中心的综合管控主导地位，使之真正上升为党委工程，构建平台更加稳固、职能更加明确的生态文明建设管控体系。

（二）工作流程

生态警察中心是处理生态环境问题的统合性服务平台，建立了贯穿案件始终的一体化可追踪式服务体系，共有案件来源、案件受理、案件交办、案件反馈、催办（督办）、结案存档六个工作流程。

生态警察中心统一受理各种来源的案件，如来电来信来访投诉举报、监督检查巡查发现、上级领导及有关部门交转办、视频和在线监控发现、新闻媒体网络舆情曝光等，其中最常见的案件来源是投诉举报。群众通过生态警察中心投诉电话、赣服通App、12345市长热线等途径提供的生态环境信访案件，前两者直接对接生态警察中心的信息化监控平台，而12345市长热线投诉则由市级平台根据属地责任转交到县政府办，再由县政府办向各局级单位或乡镇（场）派单，一般被归为大生态的单子会被派到生态警察中心。

生态警察中心统一受理各类生态环境问题，并且当天受理当天提出初步处理意见，需要立项的24小时内立项办理，建立了“快速办结+专门转办+综合处置”的高效处置体系。由13家入驻单位派出的专业能力较强、素质过硬的生态环境执法干部，加上生态环境局派驻园区环保站、公安局派驻环境侦查大队和工业园区工作人员，组成了一支精干高效的供生态警察中心统一调遣的生态文明建设执法队伍。这支队伍主动出击，把监管关口前移，通过定期、不定期的明察暗访等方式，开展各类执法检查，督促企业整改环保隐患等问题，促进了问题的高效依法解决。

针对16名工作人员无法直接处理的生态环境问题，由生态警察中心牵头，采取“转交办”方式指定成员单位办理。承办单位在10个工作日内反馈办理情况，办理结果由生态警察中心归档。案件需交办处理的一般都是稍微复杂的，把其移交给相关职能部门，更具专业性和系统性。“转交办”体现了生态警察中心与各职能部门之间的统分关系，即生态警察中心作为生态环境问题综合整治的综合协调机构，不仅有统的一面，还有分的一面。案件交办强化了职能部门的分工体系，提升了县域生态文明建设管控体系的综合能力。

在案件反馈环节，所有的群众投诉都要进行处理并给予反馈，切实解决好环保执法的“最后一公里”问题。生态警察中心自2017年4月成立以来，共受理各类信访案件300多件，其中2019年1月份至11月份共处理201件，涉及类型有餐饮油烟、工业固废、污水排放、畜禽养殖和噪声扬尘等。在宜丰县，群众投诉最多的是养猪场的污染问题，生态警察中心受理后要派人到现场，对养猪场“三池一分流”的标准化环保设施进行检查。由于群众投诉要百分之百回复，不可避免地产生了无理诉求和雷同工单。比如某个餐馆在一个月内被投诉了7次，餐馆周围住户反映餐馆的噪声扰民，生态警察中心协同生态环境局多次上门检测，其结果都是餐馆并未扰民，最终只能回过头来做投诉者的工作。由于社会转型期群众诉求呈现个体化和特殊化特征，且在建设服务型政府的背景下投诉成本较低，宜丰县的生态信访出现了投诉泛化的倾向。为此，生态警察中心通过专业化检测手段对问题进行甄别和界定，对于已经做规范处理但投诉人仍然不满意的问题，中心可以做结案处理。

二　生态文明建设综合管控机构

2017 年 4 月，借环保垂直管理制度改革试点东风，宜丰县出台了《宜丰县生态警察中心工作机制》，投资 4000 万元启动生态警察中心建设，开启了生态文明建设新征程。过去，生态文明建设涉及的部门单位众多，条块分割，各管一块，责权不明，犹如“九龙治水”。有的部门有执法权，但信息源不足；有的部门没有执法权，处理问题力不从心。生态警察中心成立后，对生态环保问题进行统一受理、统一交办、统一协调，一家办不了的事，则多家一起办理，直至问题解决。生态警察中心既体现了专业性，又增强了部门合力，实现了无盲区、更有力的生态环境管控体系。因此，作为生态文明建设综合管控机构，生态警察中心切实提升了生态综合执法和网格化管控的能力。

（一）综合性统筹和专业化分工相结合

从“九龙治水”到“统一交办”，生态警察中心作为具有多部门执法权的统筹主体，解决了部门壁垒和条块分割的问题。基于专业化分工的科层职能部门，不可避免地会存在行政资源碎片化的问题，然而部门壁垒不仅是基于利益诉求的部门博弈，更是建立在非专业视角的业务差异基础上的。在生态文明建设中，不同部门具有不同的专业视角和业务立场，比如在煤改生物质燃料的过程中，生态环境局考虑的是企业排放达标的问题，而工信部门则会考虑在杜绝污染的同时如何控制企业的生产成本。因此，生态警察中心在统筹执法权的同时，实质上建立了制度化的跨部门协作机制，将部门制衡转变为部门协作，将体制主导下的权责关系转变为以治理事务为导向的协同关系。所以，生态警察中心作为综合统筹主体，在援引、统筹和整合各部门管理权的同时，充分发挥各职能部门的专业优势，在多部门间理顺关系、落实责任，建立起围绕具体事务的综合性的生态环境管控体系。

宜丰县生态环境保护管理制度创新的核心在于，依托生态警察中心构建了生态环境执法的责任联动体系，即生态警察中心牵头下的多部门联动的执法体系。生态警察中心只是其中的牵头单位，发挥着统筹协调主体的作用，更重要的是如何重塑多部门之间的权责关系、重构科层组织结构的有机体系，而这取决于综合执法过程中的统分关系，即综合性统筹和专业化分工之间的辩证机制。社会转型产生了大量的法治剩余事务，这部分新增治理事务大多边界模糊、权责不清，容易导致部门之间推诿、避责。宜丰县通过设置生态警察中心等综合协调机构，将权责模糊的新生治理事务统合起来，然后再细分到各个部门，强化了科层职能部门的分工协作。在生态警察中心所构建的生态环境综合执法体系中，综合性统筹与专业化分工并不冲突，而是以“有统有分、统分结合”的方式，将模糊的职能明晰化，将非常规的事务常规化，体现了中国基层治理体制的复杂性、灵活性和优越性。

生态警察中心确立了“县委领导、中心牵头、各部门执行”的责任架构，在生态环境治理中发挥了重要功能。其一，多层级多主体间的统筹协调机制。由于生态文明建设是一项长期性、系统性工程，必然涉及多个部门的业务工作，需要多部门联动，专门成立生态警察中心这一综合部门，实现了各单位的综合执法和工作调度。作为与各局级单位平级的部门，生态警察中心统筹协调的实际职权有限，其主要采用借力发力的方式来调动各个部门工作，比如县委书记督办县委、县政府的力量加持等。概言之，生态警察中心通过治理层级再造，以领导权威常态化在场的代理人身份，提高了部门协调和综合执法的效率。

其二，事务过滤和分级治理的制度化协调机制。生态警察中心建立了生态环境问题的层级过滤体系，即一般性的生态环境问题由生态警察中心直接处理，涉及多部门执法的则由生态警察中心协调各部门处理，而生态警察中心解决不了的问题才会反馈至县主要领导。作为常规化的统筹协调机制，生态警察中心本质上是一种弱推动机制，即矛盾不上升至县主要领导，而是在部门之间实现及时的工作调度。这种常态化的部门协调和综合执法具有可持续性，且能够稳定县域内的政治生态。

（二）常规性治理与运动式治理相结合

生态警察中心作为生态文明建设综合管控机构，主要以常规治理和集中整治两种方式来组织、实施全县生态环境问题综合整治工作。一是以常规治理为导向的常态化机制。生态警察中心作为统筹全县生态环境问题综合管控工作的常设机构，整合生态环境、工信、农业、林业等13个职能部门的力量，开展全县生态环境问题综合整治执法工作。生态警察中心将13个职能部门的执法权统合起来，建立了“快速办结+专门转办+综合处置”的高效处置体系，实现了生态综合执法的制度化和常态化运行。二是以运动式治理为导向的集中整治。针对问题突出和群众反映强烈、社会影响恶劣的环境污染问题，生态警察中心进行定期、不定期的明察暗访，牵头多部门开展联合执法，以运动式治理的方式进行集中整治，具体包括洗砂场清理整顿联合执法、公路危废撒漏联合执法、工业园洗车店清理整顿联合执法、县城夜宵摊店整顿联合执法，等等。

案例4-1：洗砂场清理整顿联合执法。2019年3月，生态警察中心组织生态环境局、水利局、属地乡镇对辖区洗砂场开展了联合执法整治行动，现场对四家洗砂场进行了勘查取证，下达责令其改正违法行为的决定书，责令其立即停止违法行为，并由供电部门对其进行现场断电处理。

案例4-2：公路危废撒漏联合执法。工业园区一家企业在运输瓷土的过程中，存在沿路撒漏并逃逸的问题。发现情况后，生态警察中心立即组织交警、城管、环保部门进行联合执法，最终将当事人找到，按规定进行了处罚，并责令其恢复原状。

案例4-3：工业园洗车店清理整顿联合执法。工业园大道一段有9家非法洗车店，它们在公路旁开展洗车业务，严重影响了交通安全和周边环境。2019年5月，由生态警察中心牵头，组织交通、交警、城管、园区和辖区乡镇等单位，共计100来人进行了联合执法，一举关闭了这9家非法洗车店。

案例4-4：县城夜宵摊店整顿联合执法。针对县城夜宵摊店经常被投诉的情况，生态警察中心组织环保、市监、城管、公安、社区等单位进行整顿联合执法，最终关闭2家、劝迁5家、整顿10家，县城夜宵摊店秩序得到有力改善。

生态警察中心的常规性治理具有灵活、高效、低成本和可持续等特点，不需要部门之间进行高频率互动，每个部门只派驻工作人员，由生态警察中心集中统筹，就可以实现常态化的综合执法。常规性治理主要处理一般性的生态环境问题，由生态警察中心直接处理，可以减少部门协作的组织成本，提升综合执法的效率。因此，常规性治理是构建综合性生态环境管控体系的重要机制，生态警察中心提供了一种维持日常秩序的常规性权力，特别是应对日常性、反复性和分散性生态环境问题的长效机制。在生态文明建设过程中，应当将生态环境治理视为一项长期性的工作，必须建立系统性的常态化机制，循序渐进地实现生态治理目标。

生态警察中心的运动式治理具有整治力度大、推广面广、效果明显、责任明确等特点。针对复杂和严重的生态环境问题，生态警察中心牵头开展多部门联合执法，以多批次专项行动的方式进行集中整治。因此运动式治理所解决的问题，并非日常形成的环境污染问题，而是社会发展和城市建设的顽疾，需要地方政府“下猛药”方可见效。这些问题大多高度嵌入地方经济社会发展过程，有关部门没有决心也没有能力进行治理。生态文明建设的总要求，给地方政府提供了集中整治的契机。多部门间的联合执法行动，切实解决了当地的生态环境治理难题，实现了县域生态环境整体性提升。宜丰县生态警察中心组织开展的运动式治理，对宜丰县生态文明建设的整体性布局至关重要。

宜丰县生态警察中心通过常规治理和集中整治，不仅有序地解决了日常性环境问题，还有效地治理了社会发展遗留问题。2017 年至今，宜丰县生态警察中心开展各类执法检查 17 批次，检查企业商家 200 多家，餐饮店 400 多家，督促企业排查整改问题 600 多次，切实改善了宜丰县的生态环境，赢得了社会的广泛赞誉。

三　环境信息化平台

生态警察中心建成了一套集生态环境信息收集、传输、分析、预警、上报于一体的综合系统，做到了“三个实现”。一是实现全时段全领域监控。生态警察中心将全境地表水自动监测、空气自动监测、重点污染源在线监控数据和视频全部纳入中心信息平台，把分散在各业务部门的数字城管、林区探头等18项监控数据和视频导入中心信息平台，打造了全天候24小时不间断监管生态环境的“智慧云”。二是实现多功能集成化分析预警。监管平台通过环境数据质量控制预警系统、环境应急指挥调度决策系统等11个子系统，应用大数据精准分析、适时预警，工作人员及时处置，有效防止了生态环境问题的发生。三是实现开放式智能化终端使用。生态警察中心依托信息系统，开发生态环境管控App，生态环境执法人员自动接收预警信息，实时掌握监控状态，还可以下达监控指令、上传现场处置情况。企业、百姓也可登录该App，随时反映生态环境问题，形成生态环境管控上的双向互动。

环境信息化平台是一个集污染源在线监控、环境质量在线监控、污染事故应急响应、数据处理分析为一体的监测监管平台。平台致力于提升生态环境治理的科技化水平和风险预估处置能力，是生态警察中心体系中的一个重要组成部分，其主要具备以下功能。

（一）通过全过程全场域技术监控实现执法权力常态化在场

过去，环保信息基本靠实地采集，很难实现全时段覆盖、全过程留痕，生态问题基本靠群众举报，对于突发事件难以及时掌握。而环境信息化平台采用大范围探头覆盖、企业检测设备实时监控、信息化平台数据展示等科技手段，具有低成本获取信息的能力，以及强大的数据记录和事实还原能力。从人力治理向技术治理的转变过程中，环境信息化平台解决了社会化监控不足的问题。全过程全场域的技术监控减少了人工投入，提升了数据的精确度，实现了执法权力的常态化在场。

生态警察中心通过在线监控和数据预警，不仅能及时发现问题、解决问题，而且极大地压缩了企业的偷排空间，起到执法权力高度在场的警示作用。所以，环境信息化平台的功能定位是环保压力传导主体，而非事后处罚和追责的依据。生态环境问题防治重在“防”而不在“治”，只有提前做好预防工作，才能切实保护好生态环境，减少环境修复的成本和难度。环境信息化平台是重要的生态防护体系。在成立之初，平台发现了较多的案件，随着平台的运行，案件数量逐步减少。这说明环境信息化平台通过全过程全场域技术监控，实现了执法权力常态化在场，建立了环境保护的长效机制。因此，即使生态环境污染案件较少，这一套技术体系的维持与运行依然相当重要。

（二）通过质量监控预警系统实现源头治理

环境信息化平台能够实时监控废气废水等污染物排放，并根据排放量对企业进行排名，进而锁定产生污染的重点区域和重点企业，加强重点污染源的监控。在技术升级之后，环境信息化平台构建了多功能集成化分析预警系统，能够及时、准确、有效地发出预警。由此，污染源监控和自动预警系统解决了环境治理的精准定位和源头治理问题。生态警察中心的负责人说："过去也实行 24 小时在线监控，但只能看到企业偷排，我们的办法也不多。现在不一样了，企业有偷排，水质断面某个指标就会报警，而我们根据报警分析研判，可以迅速、精准地找到污染源。"

在国家治理现代化背景下，基层治理越来越依赖于指标化控制，从结果导向转变到过程导向。环境信息监控系统为实现过程管理和源头治理，真正做到监管前置提供了条件。分析预警功能的强化，有助于将污染问题遏制在萌芽状态。因此，环境信息监控系统是一种从事后应急向事前预防转变的治理机制。

从面源治理向源头治理转变，降低了部门协调成本。生态环境污染的面源治理属性，要求建立跨区域跨部门的协作机制。宜丰县的环境信息化平台，不仅在监控技术上实现了源头追踪，避免了污染问题扩大化，还在制度设置上提升了统筹层级，将部门协调环节前置，减少了部门协调成本。

综上，宜丰县环境信息化平台实现了生态环境污染的实时监控、源头发现和自动预警。环境信息化平台实质上是一个治理前置机制，通过信息化、技术化和透明化的数据中心，实现了信息前置、执法前置和问题前置，有效防止了污染问题扩大化。技术系统仅仅是一种治理工具，技术的精细化程度越高，则系统的功能性越强，也意味着需要较高的运转成本。归根结底，技术治理系统的运转取决于地方政府的治理能力。只有提高部门协调能力，技术系统才能够高效运转，避免加重制度运行的负担。

四　生态文明建设网格化管理

2020 年 4 月，宜丰县在生态警察中心的体制机制创新基础之上，出台了《宜丰县生态文明建设网格化服务管理改革实施方案》，生态警察中心正式升级为生态文明建设网格化服务管理中心。生态文明建设网格化服务管理系统以生态环境保护、城乡环境整治、文明城市创建、综治维稳等工作为网格化管理的内容，在学习借鉴北京“乡镇吹哨、部门报到”、浙江“枫桥经验”工作运行机制基础之上，建立了县、乡、村、组四级网格，强化了乡镇（场）落实生态文明建设网格化管理主体责任，落实各级网格管理的责任领导和监管责任人，把责任落实到网格，问题解决在网格，形成了生态文明建设“大网格套小网格”的综合管控体系。

（一）网格化组织架构和流程

宜丰县生态文明建设网格化服务管理系统建立了完善的组织架构和流程。其组织架构主要包括三个方面。

一是在县一级建立网格化服务管理中心。原生态警察中心升级为生态文明建设网格化服务管理中心，落实机构、编制、人员。中心负责受理全县生态文明建设方面的信访件（含上级领导交办、其他单位转办），做好交办、督办工作；巡察全县范围内的生态文明建设情况，及时发现问题，做好问题的交办、督办工作；协调各职能部门、乡镇（场）积极参与生态文明建设工作，形成齐抓共管的合力。

二是在乡镇（场）建立精准“吹哨”系统。各乡镇（场）负责采集、统计辖区网格内生态文明建设基础信息，建立乡镇（场）党政主要领导、村（社区）党组织书记（主任）、百姓反映三级“吹哨”机制。各乡镇（场）成立乡镇（场）生态文明建设网格化大队，依法处理授权清单内的生态文明建设问题；主动联系被“吹哨”的相关职能部门，合力做好生态文明建设问题处置工作。“精准吹哨”系统使“乡镇吹哨”有职、有权、有依据，“百姓吹哨”有渠道、有平台、有反馈。

三是职能部门树立及时“报到”意识。各职能部门听到“哨声”后，及时响应并快速“报到”，把执法力量下沉到乡镇（场）、聚合到基层，指导乡镇（场）做执法工作，使“部门报到”有速度、有力度、有成效。同时，职能部门还要协调配合好县生态文明建设网格化服务管理中心、其他职能部门、乡镇（场）的工作。

在完善组织架构和职能的基础之上，各生态文明建设主体间建立了基于“吹哨－报到”，包括报送－处置－督办－反馈等环节的闭环管理系统（见图4－1）。

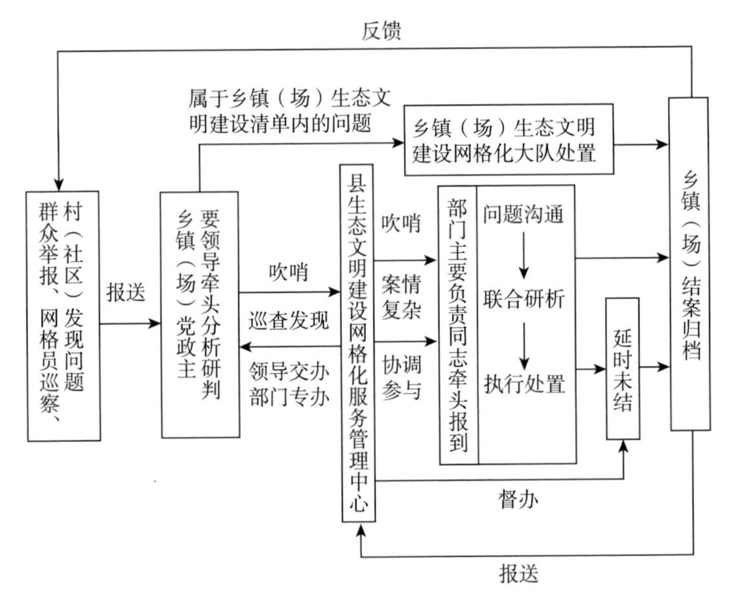

图4－1 生态文明建设网格化服务管理流程

（二）生态文明建设网格化管理全覆盖

在宜丰县，生态文明建设网格化服务管理实现了全覆盖。

具体而言，它是属地党委政府开展生态环境保护工作的关键，实现责任“纵向到底”；各职能部门按照“谁主管、谁负责”“管发展必须管环保、管行业必须管环保、管生产经营必须管环保”的要求，全面厘清工作责任，做到职责“横向到边”。

一是责任“纵向到底”。在宜丰县，网格化服务管理为强化基层生态文明建设创造了制度化的体制机制。简单而言，县、乡、村、组四级网格明确了属地党委政府的责任。在实践中，由群众举报或村网格员发现问题，乡镇网格大队及时处置或向职能部门“吹哨”，县生态文明建设网格化服务管理中心整合各类资源协同处置的流程，为生态环境保护工作“纵向到底”提供了有效路径。

> 案例4－5：2020年3月13日，石市镇一村民把粪便直接倾倒进水库进行肥水养鱼，这一情况被村网格员投诉至石市镇人大主席团主席、乡镇生态文明建设网格大队负责人卢兴亮那里。卢兴亮通过现场调查并与镇党委书记、镇长商量后，认为肥水养鱼不仅牵涉水污染问题，还涉及水产养殖法规等，需要向县生态文明建设网格化服务管理中心“吹哨”。中心立即召集县生态环境局及畜牧水产局等，前往现场调查取证，县生态环境局负责水质监测，县畜牧水产局根据水体污染情况进行污染评估，后参考《江西省渔业管理条例》对这一村民进行了处罚。

二是职责“横向到边”。“吹哨－报到”机制的有效实现建立在厘清属地政府和部门职责基础上。宜丰县生态文明建设网格化服务管理中心在合理划分网格之时，就开展了厘清部门单位、乡镇（场）职责，规范“吹哨－报到”流程的工作，以指导、监督、考核乡镇（场）生态文明建设网格化服务管理等工作。这使得属地党委政府“吹哨”有据，部门“报到”有责，实现了条块整合，各单位既做到了共同发力、形成了合力，又做到了权责明晰、各司其职。

案例4-6：2020年4月21日晚，宜丰县天宝乡一村民发现附近河水浑浊，立即向有关部门反映情况。22日早上，宜丰县生态文明建设网格化服务管理中心立即召集林业局、水利局、生态环境局，联合天宝乡、潭山镇有关人员一起前往事发地，经过数日调查，发现当地群众采伐树木后违规造林，造成了水土流失。4月27日，水利局展开调查取证，林业局确定违规造林面积，水利局对违规造林带来的水土流失进行了处罚，并监督当事人尽快复绿。

《宜丰县生态文明建设网格化服务管理实施方案》是江西省第一个县级生态环境保护工作实施方案。这个方案将党委和政府的生态环境保护工作责任落到实处，还建立了年度考核评价制度。生态文明建设网格化服务管理中心考察各乡镇（场）发挥精准“吹哨”职能及乡镇（场）生态文明建设网格化服务管理大队运行情况。各乡镇（场）考评考核职能部门是否及时“报到”和进行问题处理。可以说，生态警察中心升格为生态文明建设网格化服务管理中心，是宜丰县构建绿色治理体系的标志性成果。

五　干部绩效考核促生态文明建设

宜丰县生态文明建设网格化管理的核心是划清了生态文明

建设的“责任田”，明确了党委和政府在生态文明建设中的“党政同责、一岗双责”。2017 年 6 月，宜丰县芳溪镇被江西省委组织部定为全省乡镇干部绩效考核试点乡镇。该镇经过多年的试点，形成了“设岗择人、量化考核、绩酬挂钩”的干部绩效考核体系（见图 4－2）；2018 年 6 月，试点扩展到了全县 16 个乡镇（场）。宜丰县通过乡镇干部绩效考核改革试点，调动了干部做事的积极性，有效地促进了生态文明建设。

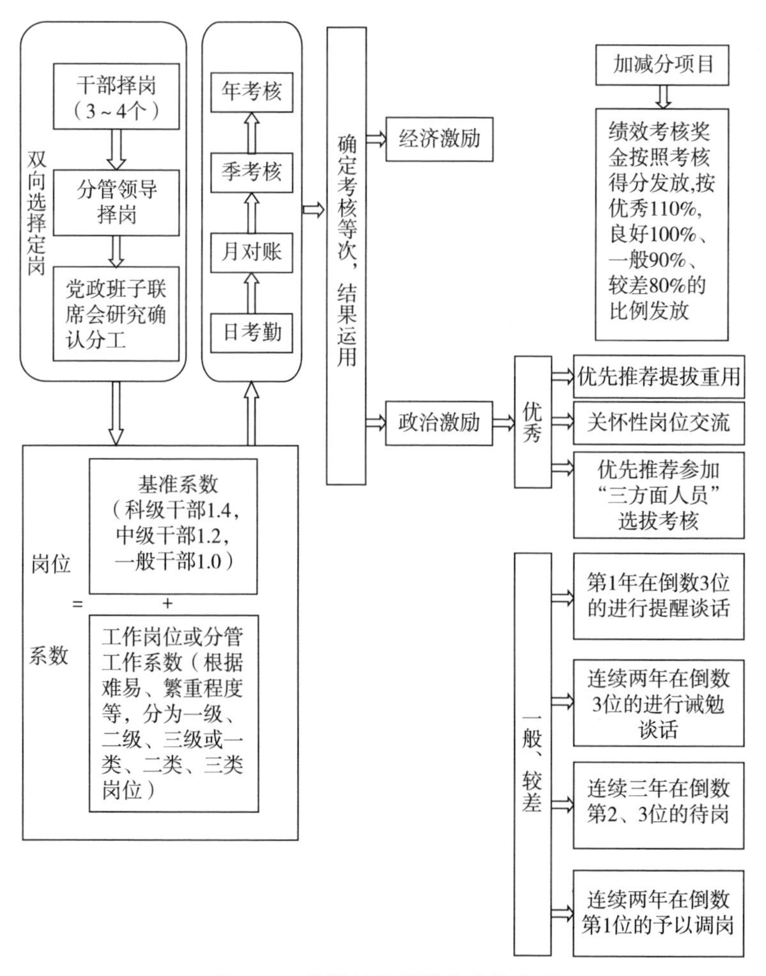

图 4－2 芳溪镇干部绩效考核体系

一方面，建立了“设岗择人、量化考核、绩酬挂钩”的乡镇干部绩效考核模式。

首先，实行双向选择，力求人尽其才。第一，设岗位系数定岗。根据基层组织建设、经济发展、脱贫攻坚、信访维稳、安全生产等重点工作、中心工作的工作量多少、难易程度、压力大小等，设定岗位系数，每个岗位系数0.05～0.4不等。干部基础系数为1.0，最高系数可以达到1.6，以此引导干部在急难险重工作中体现能力和自身价值。第二，双向选择定人。实行干部选岗位、领导选干部的“双向选择”制度。每名干部申报3～4个岗位，科级干部提出各自分管领域需要干部的意见，镇党委根据干部申报岗位情况和领导选人意见，综合研究确定干部的合适岗位，明确干部的职责分工。

其次，注重日常考核，进行全面客观评价。一是日常行为规范考核。列举干部日常行为规范正面清单5项、负面清单16项，以每季度100分为基准分进行量化考核，督促干部讲规矩、守纪律，做到知责思进、尽责思为。二是岗位绩效考核。以每季度50分为基准分，由分管领导对其所分管干部的履职、实绩、表现等情况进行打分，并按干部岗位系数折算绩效考核得分。三是季度述职测评考核。每季度召开一次干部述职测评会，通报日常考核和岗位考核结果，再由干部对季度工作做述职，谈工作的不足及下一步打算，领导对干部进行逐一点评，最后干部互相测评打分，按科级干部、站所办负责人、一般干部5∶3∶2的权重计算干部测评得分，每季度述职测评以100分为基准分，取每名干部的平均分为得分。年终将干部日常行为规范考核、岗位绩效考核和季度述职测评三项结果进行统计汇总，排名评优。

最后，坚持绩酬挂钩，加强结果运用。一是经济激励。拿出2个月政府性奖励工资作为年度考核奖金，根据考核结果按比例发放考核奖金，合理拉开年度考核奖金差距。对重大项目、重点工程等急难险重任务和因工作原因造成节假日、双休日加班的，给予一定奖励，干部收入差距每年达到6000元。二是政治激励。对于工作表现优异的干部，镇党委优先向县委推荐提拔重用，优先推荐提名党代表、人大代表、政协委员。同时，建立干部生日慰问、住院慰问、困难走访等制度，强化对干部的关心关爱。对季度考核排名靠后的干部，由镇党委书记与其谈话，进行结对帮扶。连续四个季度被评为基本称职的，科级干部将对其进行分工调整，一般干部将进行工作岗位调整。对连续两年年度考核排名最后1位的干部予以调离。

案例4－7：芳溪镇多位干部受益于新的乡镇干部绩效考核体系。原党委书记生于1980年，被提拔为县级干部；原党委副书记被提拔为乡镇（场）长；原纪委书记、组织委员均被重用，担任其他乡镇党委副书记；原人大副主席和一名副镇长被重用，均担任乡镇组织委员；两名90后干部也被重用，被提拔为站办主任。

另一方面，建立了“日考勤、月对账、季考评、年考核”的考核体系。绩效考核体系贯穿干部分工、日常考核、结果运用全过程，在考核流程和体系上，注重干部的日常表现和工作实绩，结合日常工作实行千分制考核。

一是日考勤。组织部门制订了干部日常工作表现负面清单，包括遵守工作纪律、处理突发应急事件的表现、完成日常任务情况等内容，细化各项负面行为表现及其倒扣分值，每日进行考勤，月底公示得分。日考勤全年基础分值为180分。

二是月对账。全体干部按照业务工作、中心工作、特色工作、包村工作四大类别，于每月初制订工作月账单，月底由党政正职对科级干部、科级干部对分管干部的工作账单进行考核评分。月对账全年基础分值为300分。

三是季考评。每季度末召开履职述职测评会，先由每名干部按照“321”模式进行述职，汇报3件自己最满意的工作，2件还要加强的工作，1件最不满意的工作；述职后，党委书记对科级干部、分管领导对中层干部、中层正职对一般干部进行点评。点评结束后，参会的机关干部、村（社区）支部书记、主任、企业代表、“两代表一委员”等对科级干部、中层干部、其他干部进行分类测评，按权重折算季考评得分。季考评全年基础分值为520分。

四是年考核。年底将干部日考勤、月对账和季考评的得分直接汇总到年考核中，按优秀25%、良好60%、一般10%、较差5%的比例，对科级干部、中层干部、其他干部分层级确定年度考核等次。干部年终考核能定什么等次，完全取决于平时考核得分，这就避免了以往年终一次性评比的打印象分、算糊涂账的好人主义、平均主义现象。宜丰县通过经常性的考勤考评、对责对账，让干部时刻有压力和动力，也让组织及时掌握了干部的工作表现。

宜丰县乡镇干部绩效考核改革突出了考核的公正透明，体现了多劳多得，注重奖优罚劣，让干部干在明处、比在明处、奖在明处，切实解决了干部“干与不干、干多干少、干好干坏一个样”的问题。绩效考核体现基层导向，提拔干部向乡镇倾斜，乡镇干部经济待遇高于县级机关同职级干部，激励乡镇干部在基层待得住、干得好。

宜丰县乡镇干部绩效考核改革，为生态文明建设提供了强有力的动力支持。结合上级污染防治攻坚考核办法，宜丰县专门制订了污染防治攻坚考核办法，对乡镇（场）党委政府、县直部门等党政主体落实生态文明建设的情况，“八大标志性战役、30个专项行动”推进的情况，中央和省级环保督查问题整改的情况，生态环境质量水平的情况进行考核。考核结果纳入领导班子和领导干部年度综合考核中，并作为干部奖惩和提拔使用的重要依据。各乡镇充分使用“设岗择人、量化考核、绩酬挂钩”的干部绩效考核办法，把环境治理作为重要任务，提高其系数，激励干部迎难而上，有效地推动了生态文明建设网格化服务管理的落地。

总之，生态文明是一个整体性和系统性的概念，包括污染防治、生态修复和绿色发展三个维度，这三个维度分别体现了不同发展阶段的生态定位。而宜丰县通过治理前置构建了一套完备的污染防治体系，抓住了环境治理的关键点——防大于治。同时，宜丰县通过生态警察中心和网格化服务管理系统，以及对乡镇干部的绩效考核，探索了一套常态化和制度化的绿色治理体系。

第五章　系统治理：林长制与河长制的经验做法

宜丰县位于九岭山脉南麓，境内70%的区域都是山地，气候湿润，光照充足，山川秀美，林木茂密，享有“人在绿中走，绿色遍家园”的美誉。宜丰县的森林覆盖率高达71.9%，覆盖面积为211.2万亩，且数量还在逐年增长，是名副其实的森林大县。宜丰县历来重视森林保护，1975年成立的“官山天然林保护区”，是江西省首批设立的天然林保护区之一，其于2007年4月被国务院批准为国家级自然保护区。近年来，宜丰县借生态文明示范区建设的东风，采取了一系列有效措施保护森林，取得了丰硕成果。宜丰县森林资源总量迅速增加、森林资源结构不断优化、森林保护措施更为健全、森林破坏行为日益减少，形成了森林保护的宜丰经验。

宜丰县年平均降雨量1780毫米，水资源总量22.39亿立方米，其中地表水资源量18.02亿立方米，地下水资源量4.37亿立方米。境内流域面积10平方公里以上河道57条，一条市管河流锦江，五条县管河流——宜丰河、棠浦河、长塍港、苏溪河、潦河（潭山找桥段），总长度242.5公里。宜丰县有中型水库6座、小（1）型水库20座、小（2）型水库96座、山塘1741座。有中型灌区3个，其中丰产灌区灌溉面积8.2万亩，光华灌区1.06万亩，大丰灌区1.25万亩。

宜丰县具有“七山半水分半田，一分道路和庄园”的地貌特征，治水和森林保护之间具有密切联系。保护好青山，可以从源头“养”一河清水，为实施河水、库水、塘水、生活污水、工业废水“五水共治”奠定了良好基础。总体而言，宜丰县实施的以“河长制”为中心的治水措施，取得了不俗的成绩。

一　“绿色”博弈与林长制实践

（一）森林保护中的“绿色”博弈

森林具有三重功能，即经济功能、社会功能和生态功能。首先，森林是木材和苗木花卉的产地，具有很强的经济功能。如果经营得好，森林一年的经济效益可以在300～400元/亩。珍稀植物的价值就更高了，例如南方红豆杉，在黑市上的价格高达几万元每方。古树名木广泛用于园林建设，同样价值不菲。其次，茂密的森林可以满足人们的精神需求，陶冶人们的情操，有助于精神文明建设，具有很强的社会功能。最后，森林是陆地生态系统的主体，具有保持水土、涵养水源、净化空气和防风固沙等多重生态功能，在维持生态平衡中具有不可替代的作用。受各种客观条件的约束，森林的三重功能难以兼顾，森林资源保护工作容易陷入困境。

①森林资源分布广泛，有效监控难以实现。宜丰县对全部森林采取分类保护措施。对于人工种植的商品林，开展采伐证办理、采伐数量管理、采伐后恢复管理等工作。对于天然阔叶林和生态公益林，开展禁止采伐、彻底封育管理工作。同时，开展防范森林火灾，保护野生动物的工作。对珍稀植物和古树名木，则进行重点保护，防范违法分子铤而走险盗采盗挖。然

而，宜丰县的森林保护专业人员数量有限。县林业局在职工作人员有 202 人，其中技术人员 50 人。县林业局在 13 个重点林业乡镇都设有林业站，共有监管员 102 名、护林员 218 名。但相对于 211.2 万亩的森林面积，以及繁重的分类保护工作，人员数量依然不足。

森林资源往往都位于偏远山区，这些地方人迹罕至且山高林密，方便森林破坏者作案，却不利于森林保护。例如，号称“植物大熊猫”的南方红豆杉往往生长在极为隐蔽的山林深处，即使是遭人盗伐也不易被发现，即便发现了，经常也由于时间太长而难以调查。甚至于，哪怕是知道了犯案者，也会因为现场被雨水、动物活动等破坏而取证困难，难以将盗伐者绳之以法。

②群众森林保护意识有待加强。森林资源大多处于偏远地区，这些地区经济发展水平较为落后，人们的生态意识以及法制意识也相对较为薄弱，森林保护工作在当地往往难以开展。

由于经济发展水平较为落后，偏远地区的林农往往更看重森林的经济功能。在这些地区，林农很可能砍光甚至是烧毁天然阔叶林和生态公益林，然后种上经济价值更高的杉树。在生产生活中，人们也可能大量占用林地，用于建房等，在无意间转变了林地用途。当地农村保有较为完整的宗族文化，村民对于本村、本族人有很强的保护倾向。因此森林公安机关在执法过程中少有农民配合。

③森林保护措施难以匹配严峻的森林保护形势。这其中，森林保护资金匮乏是关键。由于森林保护资金有限，政府难以对利益受损的林农进行合理补偿，部分林农对此存在不满情绪。林权改革之后，林农获得了林地长期稳定的承包经营权，这极大地提高了林农的积极性，但是也提高了森林保护的成

本。宜丰县对天然阔叶林和生态公益林实行禁伐政策。对于生态公益林，政府给了农民一定的财政补贴，而对于天然阔叶林，政府则是完全没有补贴。这样的财政补贴力度显然无法与商品林的经济效益比，也有损人们的森林保护动力。

护林员和监管员是森林保护中的一线力量，直接决定着森林保护的水平。由于资金有限，宜丰县的护林员数量有限，远不能满足森林保护需求。在宜丰县，需要重点保护的乔木林面积多达 107 万亩，其中，仅生态公益林面积就有 70 万亩。平均每一名护林员需要管理的林地面积多达 5000 亩。

（二）森林保护工作重点

1. 抚育与优化森林资源

近年来，宜丰县委、县政府采取了一系列鼓励发展新造商品林的措施，极大地增强了农民植树造林的积极性，每年的植树造林面积都在 2 万 ~2.5 万亩之间。同时，宜丰县特别营造了大面积的针阔叶混交林，并出台政策支持南方红豆杉的培育与推广，提高了生态和社会效益。宜丰县森林资源抚育工作的具体做法包括以下四点。

①利用退耕还林、长防林等林业项目带动营造针阔叶混交林 7 万多亩，大面积营造纯杉木林的状况得到改变。

②先后引进陈山红心杉、闽楠等优良树种，大力推广良种营造林，提高森林资源质量。宜丰县当前已经营造陈山红心杉近 15 万亩，建有一个闽楠良种基地。在引导林农进行竹林垦复的基础上，宜丰县鼓励林农实施竹腔施肥，采用竹木混交技术改造毛竹低产林，大幅度提升了森林的经济与生态效益。

③建立苗木花卉基地。宜丰县引进科技含量高的苗木生产企业，建有苗木花卉基地 8130 亩，打造以 320 国道连接线为

焦点的苗木花卉基地带。

④建设昌铜高速生态经济带。宜丰县对昌铜高速生态经济带区域内的80万亩林地采取“封、改、造、补”相结合的方式进行重点培育，已基本形成常绿与落叶、彩叶与花色、乔木与灌木相结合的森林生态走廊；完成了沿线12万亩的封山育林工作以及1.13万亩的森林抚育工作，补植面积达0.38万亩，推进了高速生态景观带建设。

2. 培育群众的森林保护观念

增强群众的森林保护观念不仅需要政策的引导，还需要我们坚持宣传教育，使其入脑入心。近年来，宜丰县将生态理念融入理论宣传，组建以党员干部、身边好人、乡土能人为主的“草根名嘴”宣讲团，搭建百姓宣讲、乡村讲习所等平台，举办各类宣讲活动70多场次，推进生态文明进企业、进机关、进校园、进家庭。与此同时，宜丰县还将生态理念融入群众文化活动，组织元旦千人登高迎新年、“谁不说咱家乡好”演讲比赛等文化活动，开展“鱼乐新桥，年年有余”“古树楠林，印象塔前”等乡村旅游节活动20多场，让生态理念深入人心。

林业局印制了《致全县林农朋友的一封信》7万多份、《致全县木材加工企业的一封信》400多份，2019年全部分发到全县所有林农和木材加工企业主手中，并在集镇所在地和全县所有自然村进行了张贴，公开信既普及了森林保护知识，又起到了很好的宣传教育效果。

森林公安民警时常深入重点林区乡镇开展森林保护宣传活动。每到一地，森林公安民警向村民、游客发放“森林禁火令”、森林资源保护宣传册等，开展相关法律法规宣传，引导村民、游客关注生态环境保护，积极参与森林资源保护。同时，加强辖区周边的巡护巡查工作，对危及森林安全的违法违规行为进行监督，号召广大群众珍惜自然资源、爱护自然环境，增强其森林保护理念，提升其森林保护意识。

3. 加强森林保护的制度供给

宜丰县结合实际深入贯彻上级政府关于保护生态公益林、天然阔叶林、珍稀动植物和古树名木的相关制度法规。例如，围绕生态公益林保护相关制度，宜丰县建立多元化公益林管护体系，实行行政与业务管护两条线，县政府与乡镇（场）、乡镇（场）与村（分场）签订公益林管护责任状，制订了《宜丰县重点公益林护林员、监管员职责》、“宜丰县重点公益林分布示意图”，并统一制作公益林公示牌，上墙公示，接受社会监督。重点公益林面积按 1∶10000 地形图落实到山头、小斑，全县签订管护合同 27000 余份，建立永久性宣传牌 110 块，形成了对生态公益林的立体化管理。

宜丰县还灵活用好地方立法权，大力推进森林保护法制建设，实现森林保护有法可依。宜丰县第十五届人民代表大会第三次会议审议通过了《关于天然阔叶林资源管理的若干规定》，用好用足用活地方立法权，积极推进科学立法和民主立法，立以致用，构建了宜丰县首个林业法，明确了保护天然阔叶林是宜丰县可持续发展的基础，这是宜丰县委、县政府对人民高度负责的重大措施，以确定此规定执行的长期性、合理性和合法性。

4. 严厉打击森林违法行为

宜丰县还采取一系列措施打击森林违法行为。结合散乱污企业整治专项行动，宜丰县全面清理了“小、散、乱、污”木竹加工企业，对县工业园内企业是否具有木竹经营加工资质进行排查，坚决取缔未办理木竹经营加工许可证或挂靠的黑企业、黑加工点，其由林业局、森林公安局没收原材料及产品，并进行相应处置。

县林业局和森林公安局开展了林业犯罪行为专项整治行动，对森林违法行为逐一建立台账，实行销号管理。专项行动严肃查办了一批破坏森林资源的违法犯罪案件，严厉查处破坏森林资源的违法犯罪分子，取得了“震慑一方，教育一片”的良好效果，县域森林资源管理秩序得到根本好转。同时，有关部门还对破坏森林资源的突出问题进行深入剖析，对一些典型案件进行深挖剖析，通过新闻媒体曝光，达到了以案释法的目的，提升了警示教育效果。

在打击森林违法行为过程中，宜丰县还积极拿起法律武器，做到森林保护有法必依。2016 年 2 月，县人民法院、县人民检察院、县林业局和县森林公安局四家单位联合下发了《关于在刑事案件办理中强化天然阔叶林保护的实施办法》，实现了森林保护工作中行政职能与司法职能的衔接。2017 年 11 月，为加强森林保护工作中行政执法、刑事司法和法律监督工作的常态化协作对接，宜丰县森林公安局、宜丰县林业局、宜丰县检察院联合发布《关于在打击涉林违法犯罪案件中加强“两法衔接”协作配合机制》，就全面、及时、有效保障林业执法工作问题，从线索通报、案件移送、联合执法、介入调查、联席会议和联络员制度六个方面确定了机制。该机制进一步协调了法律监督部门和林业执法部门的协作对接，使重大涉林违法犯罪案件的处理更有效快捷。该机制还进一步完善了“两法对接”工作各项制度，保障了执法工作信息互联共享，形成了常态化协作机制。

宜丰县还创造性地实行了天然阔叶林毁林犯罪生态补偿机制，犯罪嫌疑人如积极营造阔叶林补植复绿，可依法对其使用取保候审、不起诉、适用缓刑等从宽处理，走出了生态治理中的“惩罚与保护”并重之路。

案例5-1：“不懂法差点害了自己”，这是宜丰县新昌镇楠树村村民黄某的肺腑之言。2016年4月，他因不懂法再加上侥幸心理，滥伐了10.7亩天然阔叶林，被当地森林公安查获，面临刑事处罚。鉴于黄某的违法情节，黄某被判“补植复绿”。截至目前，宜丰县复绿面积达800亩，其措施达到了“查处一个、教育一片、震慑一方”的目的，实现了森林破坏行为的源头治理。

（三）林长制与林业监控信息化平台

宜丰县较早创新了“林长制”，建立了县、乡、村三级林长制组织机构。县级设总林长、副总林长，分别由县委和县政府主要领导担任，县四套班子相关领导则担任县级林长。乡级设林长和副林长，乡镇（场）党委书记担任林长、乡镇（场）长担任第一副林长，其他班子成员担任副林长。村级设林长和副林长，支部书记担任林长，其他村（分场）干部担任副林长。县、乡两级设立林长办公室。县级林长办公室设在林业局，办公室主任由林业局主要负责人担任。乡级林长办公室设在林办，办公室主任原则上由分管林业工作的同志担任。截至目前，全县共有县级总林长1名、副总林长1名、县级林长29名、乡级林长179名、村级林长441名。

县级林长制协作成员单位包括县纪委监委、县委组织部、县委宣传部、县委农工部、县委编办、县发改委、县财政局、县审计局、县统计局、县生态环境局、县生态办、县自然资源局、县城管局、县交通运输局、县公路分局、县市监局、县林业局、县森林公安局等单位。县级各协作单位要在县级总林长的领导下，各司其职、各负其责、密切配合、协调联动，履行森林资源保护发展的相关职责，形成在总林长领导下的部门协调、齐抓共管的工作格局。每个协作单位须确定一名科级干部作为协作组成员，一名股级干部作为联络员，名单报县林长办备案，并按要求及时上报各类信息资料。

林长责任区域按行政区域划分。县级林长责任区域以乡镇（场）为单位，乡级林长责任区域以行政村（分场）为单位，村级林长责任区域以山头地块为单位。国有林场按隶属关系由同级林长负责。

在林长制实践中，宜丰县还组建了森林资源监督管理员和生态护林员队伍。每个乡镇（场）配备4～5名资源监督管理员［以林业工作站和乡镇（场）林办人员为主］，每个村（分场配备1～2名生态护林员（以重点公益林和天然林保护工程聘请和建档）。截至目前，宜丰县共有监督管理员102名、生态护林员218名，覆盖了全县208个行政村209.5万亩山林，进一步夯实了林长制的工作基础。

为提高森林巡护效率，宜丰县建立以赣林通手机App为依托的全县森林巡护系统。宜丰利用App和GPS实现了对整个森林管护体系的信息化管理，完成了对每一个护林员的精确指导，进而极大地提升了既有森林保护队伍的工作效率，做到了每一块森林都能受到“一长两员”的严密监管，实现了森林保护全覆盖。

为保护南方红豆杉和天然阔叶林资源，保护生态安全，提高案件侦破率，在2014到2017年，宜丰县在全县林区主要道路布设62个视频监控点，建成了全省首个“林区天网”——林区监控中心，实现了对森林资源的信息化保护。

2014 年，宜丰县森林公安局投入 110 万元，在县域内的 32 个点位安装了 32 路 300 万像素高清摄像头，并建立起相应的卡口抓拍系统、视频监控系统及其管理系统，完成了“林区天网”的一期系统建设。2015 年，县森林公安局又争取到省发改委林业基建投资补助资金，用于建设二期系统，并于 2016 年 5 月通过验收投入使用。二期系统增设了 12 个视频监控点位，安装地点为一期系统监控范围外天然阔叶林分布区的林区道路，集中分布于桥西、澄塘、宜潭公路。2017 年，县森林公安局再次争取到省林业厅（省森林防火办）的专项资金，在县域范围内再增设 18 个视频监控点位，安装在林区出县道路和其他重点及热点林区。

前后三期共 62 个点位的林区道路监控系统建设完成后，森林监控范围已基本覆盖宜丰县南方红豆杉、天然阔叶林分布区和林区出县道路。信息化平台在森林保护中发挥了重要作用。县森林公安局指挥中心能实时查看全部视频监控情况，视频监控数据存储期为 120 天。卡口抓拍系统采用视频触发模式，能全天清晰地辨别车型、车辆颜色、车牌、车辆前排人员，图片数据存储期为 2 年（按每天每路 500 辆计算），支持按抓拍地点、车牌号码、车辆类型、车牌验收、车身颜色、车速、开始时间、结束时间查询车辆功能。目前该系统已经接入公安专网，相关用户可通过公安专网进行异地查询。

依托该系统，宜丰县森林保护工作取得了一系列重要成果。一是办案效率得到了提升。5 年来共侦破了 100 多起刑事案件，特别是通过该系统侦破了国家林业局森林公安局督办的修水县韩家宝、韩家发等人流窜盗伐江西农业大学大港实验林场“长坑里”等山场南方红豆杉案件，先后抓获 5 名犯罪嫌疑人并移送相关部门审查起诉。通过该案，宜丰协助奉新县森林公安局侦破韩家宝等人在奉新县、修水县流窜作案19起南方红豆杉案件。二是生态效益明显。宜丰县森林公安局林区道路监控系统投入使用后，有力地震慑了相关违法犯罪行为，系统监控范围内基本未发生非法采伐南方红豆杉案件，其他案件发生率也明显减少，为保护宜丰森林和野生动植物资源及生态安全做出了较大贡献。三是社会效益明显。该系统弥补了天网工程在农村和林区的空白点，为地方公安机关和交警部门侦破案件提供了大量证据，协助县公安局、县交警大队查办了大批案件，为监控范围内农村和林区10万居民的生命财产安全提供了有力保障。

二　从"河长制"到"河常治"

"把河道当街道管理，把库区当景区保护"是宜丰县落实"河长制"工作的切入点。宜丰县重点以"七抓七确保"为手段，层层认领河长职责，层层落实管护举措，通过疏河清水，健康养殖、规范采砂、基本解决了"五水"污染问题，实现了"水清、河畅、岸绿、景美"的水环境目标。良好的自然生态，带来了社会和经济效益共赢的新局面。

（一）"河长制"的主要做法

2015年11月，《江西省实施"河长制"工作方案》出台后，宜丰县立足于河湖管护实际，迅速研究制定了《宜丰县"河长制"实施方案》，于12月份在全市率先出台。方案确定，县总河长、副总河长分别由县委书记、县长担任，14名县级四套班子领导担任县级河长。2017年6月，为进一步全面推进河长制工作，宜丰县出台了《宜丰县全面推行河长制工作方案》《宜丰县“五水共治”实施方案》《宜丰县2017年工作要点和考核方案》《关于以推进流域生态综合治理为抓手打造河长制升级版的指导意见》等文件，在全县所有江河湖库实施河长制管理。

宜丰县全面建立了区域与流域相结合的以县、乡、村三级“河长”为主要内容的“河长制”组织体系，严格按照“属地管理、分段负责、源头治理”的原则，在锦江河宜丰段、宜丰河、长塍港、棠浦河及乡镇（场）10平方公里以上的河流以及122座规模以上水库［6座中型、20座小（1）型、96座小（2）型水库］实现“河长制”全覆盖，共有县、乡、村三级河长210名（县级河长16名），专管员209名，保洁员190名，县、乡、村三级湖库长193名（县级库长6名），专管员108名，保洁员114名，构成了县、乡、村的三级河长责任体系。各级“河长”名单均在政府网站公布，实现了县、乡、村三级“河长”全覆盖。同时，设立了县、乡镇（场）“河长制”办公室，落实了管理人员。

为了促进“河长制”的高效实施，宜丰县充分利用标语、电视、网络公众号等，大力宣传“河长制”的意义、方式和举措，在全社会形成知晓“河长制”、理解“河长制”、参与“河长制”的浓厚氛围，使河道采砂专项治理等工作深入人心，家喻户晓，进一步提升全民关爱河道、保护水质的意识。宜丰在各河流交界处设立30多块责任牌，明确各级河长的工作职责和责任区域，并公布投诉举报电话，接受群众监督。宜丰河县城河段还通过购买社会服务，形成管护长效机制，经费纳入财政预算，每年拨付资金15余万元，同时落实河长制工作经费30万元，各乡镇（场）也都相应落实了河道保洁管护经费。

宜丰县制定出台了《宜丰县河长制县级会议、信息工作、工作督办、工作督察、工作巡查制度》《宜丰县河长制工作考核问责办法》《宜丰县河长制工作举报处理办法（试行）》《宜丰县河长制工作巡查制度（试行）》《宜丰县河长制体系验收评估办法（试行）》等八项制度，从各个环节明确了工作责任，有效保障了长效机制的形成。

宜丰县河长办建立了19条流域面积50平方公里以上河流的“一河一策”和“一河一档”，全面摸清河流管护现状及污染情况，从农业面源污染、工矿企业污染、禽畜养殖污染等方面提出整治措施，确保山水林田湖综合治理的实现。同时，宜丰县水务局投入资金搭建了综合信息管理系统，实现基于互联网的河长制App平台“宜丰县河长通”，力求将河长制信息公开、水质实时监控、河长巡河、投诉举报、督查督办集于一体，全面提高“河长制”工作的信息化管理水平。

宜丰县在实施河水、库水、塘水、生活污水、工业废水“五水共治”方面，做了大量工作。

①工业废水方面。开展了工矿企业聚居区整治，对工矿企业聚居区重点企业实行24小时、全天候、不间断巡查，关闭全县各类“十五小”及污水处理不到位的工业园区的陶瓷、竹木企业。同时投资2000万元建设和完善工业园区污水管网，增加主管4.3千米，支管6千米，管网建设完成后，工业园污水处理厂基本可以按照设计处理能力运营。

②河水方面。开展非法采砂、禽畜养殖污染等专项整治，一方面打击非法采砂，加强河道采砂管理，关闭非法砂场32处（其中砂场28处，吸砂点4处），有效维护了河道采砂正常秩序。另一方面是大力推广健康清洁养殖，完成了“禁养区、限养区、可养区”划定工作，同时基本完成禁养区养殖场拆除

工作。

③生活污水方面。2016年起宜丰县投资9000多万元对城区污水管网进行雨污分流、片区管网改造、污水泵站提升工程，有效提升了污水收集率、COD浓度，从源头上减少了污染。

④库水、塘水方面。根据《宜丰县水库水环境综合整治工作方案》，宜丰县计划用2年时间通过退出养殖承包、禁止投肥养殖、加大执法等实现健康养殖，从而全面改善水库和塘的水质。

（二）“河长制”的宜丰经验

宜丰县在落实“河长制”中取得了不少经验，主要包括以下几点。

一是在促进河长履职方面，宜丰县严格规范了河长的设置和职责。在中央要求建立省、市、县、乡四级河长体系的基础上，宜丰县进一步延伸，建立了县、乡、村河长体系，并对不同级别河长的职责做了分类规定，基层河长侧重于对责任水域开展日常巡查并报告发现的问题，县级以上河长侧重于协调、督促相关部门解决问题。

宜丰县还进一步完善细化了河长制工作考核方案，通过建立乡镇河流交界断面水质考核机制、每月督查排名制度，对工作落实不到位的，由县纪委、县委组织部约谈该乡镇（场）党委书记，对乡镇（场）分管负责人做组织处理；对三次排在最后一名的，对该乡镇（场）主要负责人进行组织处理，并将考核结果在县电视台通报。同时，“河长制”工作实行“一岗双责”，被列入各乡镇（场）、各有关部门年度工作考核内容。对河道整治工作成绩突出、成效明显的乡镇（场）和部门给予适当奖励；对考核不合格、整改不力的责任单位和责任人，实行行政问责；考核情况作为相关领导干部综合考核评价的重要依据。

二是在加强部门联防方面，宜丰县整合城管、城建、水务各方资金，先后高标准地完成了县城城防、潭山城防、棠浦城防、芳溪城防工程建设。另外，做好亮化、绿化、美化工作，宜丰县城沿河10公里的渊明绿道串起滨江公园、文化长廊、个性雕像、木质栈道、便民驿站，将河岸打造成了居民散步、休闲、锻炼的好去处。

三是在调动基层工作积极性方面，宜丰县优先落实管护资金。根据《宜丰县推进河长制工作方案》的要求，宜丰县将57条河流管护职责分解到流经村、组，同时加强村级河长培训，激发他们作为主人翁的管护动力，培养人人保护母亲河的理念，从根本上调动其工作积极性。同时积极争取县、乡落实管护资金，购置管护设施，形成长效机制。宜丰县还充分利用广播、电视、报纸、河长制简报等各种媒介宣传各级河长的先进事迹，形成了人人争当好河长的良好氛围，并在年终评选“先进管护单位”和“先进管护个人”进行表彰。

四是在激发社会参与方面，宜丰县逐步形成了政府主导、社会参与的公共服务供给模式。为满足人民群众日益增长的公共服务需求，宜丰县在河长制工作中创新政府购买社会服务，经费纳入政府预算，每年拨付15万元聘请专业队伍管理河道环境。以“保护母亲河·创建文明城”志愿服务活动为契机，宜丰县广泛宣传保护母亲河、保护水资源的重要性，深入社区、学校宣传爱护环境、保护水资源的重要性，从源头上遏制各类污染源，一方面助力宜丰创建全国文明城，另一方面让群众感受全面推行河长制带来的变化。

通过全面推行河长制，宜丰县水环境得到了进一步保护，河流水质均达到三类以上，有的水库水质甚至达到一类标准，生态环境进一步改善，带来了良好的社会和经济效应。宜丰水的魅力成就了一个健康水产业。宜丰天然矿泉水出水量超过1万吨/天，且富含钙、镁、锌、硒等人体所必需的微量元素，偏硅酸含量高达68毫克/升，开采矿泉水约3000吨/天，宜丰县也以此着力打造全国优质矿泉水产业基地。

三　林长制与河长制的系统治理内涵

森林保护和水环境保护并不是一个孤立的问题，而是具有很强的系统性。无论是人们对天然阔叶林和生态公益林的破坏行为，还是水环境的污染问题，反映的都是环境治理中教育、制度、组织、监控、执法等多方面工作的不足。

在环境治理过程中，必须要对森林和水环境保护的各个环节进行整体性治理，避免“头痛医头、脚痛医脚”。宜丰县的林长制和河长制的制度实践，体现了鲜明的系统治理思维。

一是兼顾生态、社会和经济效益。林长制和河长制的宜丰实践，并不是对污染问题简单的一治了之，而是和当地农民的社会需求和地方经济发展紧密配合。从根本上说，系统治理的制度实践，为当地生态经济化的产业发展创造了良好条件。

二是着力构建全链条的治理闭环。这其中，无论是林长制还是河长制，宜丰县都注重加强基层力量，建立信息监测平台，强化源头治理。

三是多管齐下的全方位治理。无论是森林保护还是水环境治理工作，宜丰县都注重从生态观念建设、制度供给、组织完善、管理平台创建和打击犯罪等各个方面全方位推进。尤其重要的是，宜丰县特别注重培育群众的生态保护观念，让林长制和河长制深入寻常百姓家。生态观念培育是群众在生态问题上的意识形态建设，只有实现对群众思想观念的改造，才能将群众动员起来，使其自发地投入环境保护的事业当中，将环境保护变成一场“全民运动”。

宜丰县创新了环境治理机制，并取得了切实成效，具有借鉴意义。一是以“林长制”和“河长制”为代表，创新森林管护和水环境保护体系。森林保护和水环境保护都需要完善管护组织，“林长制”和“河长制”构建起环境保护的“人防系统”。二是以“林业天网”为代表，提升宜丰县环境保护的科技水平。宜丰县建立的天然阔叶林保护信息化监控平台，实现了对林业犯罪分子的精准识别，这构成了森林保护的“技防系统”。人防和技防相结合，生态、经济和社会效益兼顾，源头治理与末端治理并重是宜丰县环境治理系统的重要因素。

第六章　多元治理：完善社会治理体系

垃圾分类、“厕所革命”等人居环境治理本质上都是对农民生活方式的改造，考验基层治理者的智慧。首先要有针对性地引导农民在生活观念上做出改变。宜丰县在推进生活垃圾分类的过程中，坚持城乡同步，目的在于向农民宣传垃圾分类的理念，培养垃圾分类的生活方式。其次要发挥农民自主性。农民并不是改造对象，要充分激发农民追求高品质生活的内在动力，帮助他们改善生活环境。再次要根据乡村社会的特点，建立高效率的公共品供给机制。乡村的常住人口较少，产生的污染总量较小，但人口比较分散，环保公共品供给的成本比较高，应该探索更加分散和灵活的公共品供给模式。

城乡生活污染防治是宜丰县环境保护工作的重点领域。城市人口密度较大，在建设过程中就配备了较为完善的污水和垃圾处理体系。因此，宜丰县在开展和推进城乡生活污染防治工作时，将重心放在了农村。在城市生活污染防治方面，宜丰县推行垃圾分类并强化了县城环卫治理，投入财政资金对县城的污水处理进行扩容。2016 年起，宜丰县投资 9000 多万元对城区污水管网开展雨污分流、片区管网改造、污水泵站提升工程，有效提升了污水收集率、COD

浓度，从源头减少了污染。在农村生活污染防治方面，宜丰县实施了农村人居环境整治工程，涉及生活污染防治的包括“厕所革命”、垃圾清运与垃圾分类、生活污水处理、新农村建设等。

一　“厕所革命”

2014 年 12 月习近平总书记在江苏镇江考察时提出“小厕所、大民生”，“厕所革命”随之成为农村人居环境整治的重点内容。农户改厕工作并不是一项新的工作内容，而是久已有之的工作。2014 年之前，宜丰县的农户改厕工作由县卫健委（原县卫计委）负责；2014 ~ 2018 年，改由县农业农村局负责；2019 年又划归县卫健委负责。

改厕工作一度是新农村建设的主要内容，宜丰县新农村建设点都进行了改厕，或者是农户新建房屋自主进行改厕，政府给予补贴。改厕的要求是统一安装三格式水冲无害化化粪池，化粪池的容积有 1.5 立方米和 2 立方米两种规格。化粪池建设由政府补助资金，每户 1000 元；冲水设施资金则由农户自己负担，总成本一般在 2000 元左右。截至 2019 年底，宜丰县全县 56139 户农户，除掉空挂户外，实际需要改厕的农户 48491 户，已经完成改厕的有 41302 户，农村无害化卫生厕所普及率达到 85.17%。2019 年江西省各级政府成立了“厕所革命”领导小组，提出了“厕所革命”三年行动计划，计划到 2020 年农户改厕的比例达到 90%，改厕工作开始提速。宜春市 2019 年度下达给宜丰县的改厕任务数为 5260 户，宜丰县的实际完成数为 18787 户，超额完成任务（见表 6 - 1）。

表 6-1　宜丰县各乡镇（场）农村改厕任务分配

单位：户

乡镇（场）	总户数	已完成水冲三格式无害化厕所数	2019 年任务数	2020 年任务数
新昌镇	4873	2184	1958	488
澄塘镇	5473	1493	3159	547
棠浦镇	4918	2301	1879	492
新庄镇	3687	2020	1114	368
花桥乡	2465	1397	698	247
同安乡	1775	1446	63	177
天宝乡	3570	1784	1251	356
潭山镇	3338	2072	765	334
黄岗山垦殖场	2999	1751	798	300
双峰林场	853	576	149	85
黄岗镇	2380	1176	847	238
石花尖垦殖场	1416	923	281	141
车上林场	1709	1374	79	171
芳溪镇	5875	4170	824	587
石市镇	7550	2453	3965	755
桥西乡	2650	1296	957	265
合计	55531	28416	18787	5551

“厕所革命”的工作内容还包括修建公厕。2019 年度宜丰县的公厕修建任务是：城区新建公厕 9 座、改建 2 座；乡镇新建 2 座、改建 1 座；农村新建 33 座；旅游公厕新建 4 座；加油站改建公厕 8 座。截至 2019 年年底，宜丰县城区新建公厕 9 座，改造 13 座，新建任务完成 100%，改造任务超额完成；建制镇新建 2 座，改建 4 座，超额完成任务；农村公厕新建 83 座，超额完成任务；旅游公厕新建 8 座，超额完成任务；加油站公厕改建 8 座，完成任务。在规定工作之外，宜丰县还主动增加“自选动作”，其中已完成改建旅游公厕 1 座；改建交通

公厕4座。上级要求人口1000人以上的自然村要修建公厕，公厕修建资金由政府承担，公厕管理则无配套经费，由村委会派专人进行管理。

当前，农民内部已经产生了经济分化，改厕的内生动力存在明显差异。一方面，大部分农户对生活品质的要求逐渐提高，尤其是在新建楼房时，都会安装水冲式厕所，改厕工作无疑迎合了这部分农户的需求。另一方面，少部分农户，尤其是老年人群体对旱厕有较大需求。改厕和农民的传统生活方式之间还存在一定的冲突，部分农户积极性不高。厕所和农业生产存在紧密的关联，传统旱厕的粪便可以用于还田，增加农业产出。水冲式厕所的粪便经化粪池处理后肥力较低，农户不习惯使用。目前，农村的主要居民多为留守老人，他们是农业生产的主力军，也习惯于传统生活方式，对改厕的适应性比较差。因此，在农村人居环境整治行动中，群众工作是改厕的前提。

二　乡村垃圾清运与垃圾分类

农村的垃圾处理流程形成了一套分级处理体系，村庄一级清扫、收集垃圾，乡镇（场）定期清运垃圾并经过初期压缩处理再运往县城，县城再经过压缩以后运往垃圾焚烧厂处理。

（一）垃圾清运

2018年以前，宜丰县城区的环卫工作由城管局下属的环卫所负责，环卫所雇用200多名环卫工人打扫卫生。2018年宜丰县政府引进了一家深圳的保洁公司，与其签订为期5年的合同，将城区清洁工作发包给该公司负责，全部由政府出资。2019年宜丰县又将16个乡镇（场）的环卫工作发包给另外一家保洁公司，其服务范围包括乡镇（场）集镇和各行政村以及河道。城管局与保洁公司签订总合同，县政府承担承包费的60%、乡镇承担40%，乡镇（场）的资金来源是农民交费，由城管局和乡镇（场）共同对保洁公司进行考核。

在市场化发包以前，乡村的环卫工作由各乡镇（场）自主组织实施。其中，乡镇（场）政府聘请保洁员清运和压缩垃圾，村级组织自雇保洁员清扫，县财政配套补助资金。村级组织雇用的保洁员一般是本村村民。如在黄岗镇，镇里的垃圾清运站除了负责本镇的垃圾清运和压缩以外，还同时为附近的两个镇提供服务。黄岗镇的垃圾清运站除了获得上级补助外，还有服务收入，每年总收入有40多万元，除去运转费用之外还能够有所盈余。

保洁公司服务乡村环卫的价格标准是，政府补助48.1元/人，农民交费32.06元/人，总价格为80.16元/人。黄岗镇的户籍人口约1万人，则保洁公司每年在黄岗镇的收入约为80万元。保洁公司进入之后，黄岗镇所雇用的保洁员数量减少，平均每400个人雇用一个保洁员，一般每个村1～4个保洁员，但是，保洁员的工资提升，从150元/月提升到1000元/月。保洁员在工资提高以后，能够做到每天清扫，清扫的频率和质量都大幅度提高。村干部发现保洁公司没有及时清运垃圾或者路面清扫不干净，可以拍照取证要求其整改，连续发现三次要扣分。

农村环卫市场化面临着收费难的问题。环卫费是按户籍人口收取，不管其是否在村、是否常住都要收取。而在打工经济背景下，在村常住居民以老年人为主，年轻人多在外打工，只有年底才回家，在村人口数量远少于流出人口数量。如果按照在村常住人口收费，则会因人口数量太少而使所收费用无法满足需求。因此，虽然每人所交的费用不算高，但是收费难度却很大。由于收费难，村干部普遍反映这项工作难做；少数有集体收入的村庄选择由集体垫付这笔费用，其他村庄只有村干部得力的收费比例较高，但很难做到百分之百。在黄岗镇，收费比例最高的潮溪村能够达到90%，其他村庄则在60%～70%。

（二）垃圾分类

2018年，宜春市成为住建部46个生活垃圾分类试点城市，宜春市下属的各县（市、区）开始启动生活垃圾分类工作。生活垃圾按照4种标准分类，分别是厨余垃圾、有毒有害垃圾、可回收垃圾和其他垃圾。其中可回收垃圾可以做到智能分类，又可以细分为4类，并自动称重。宜丰县的生活垃圾分类工作在宜春市走在前列，2019年排在宜春市9个县、市（不含市辖区）的第一位。2018年，宜丰县先在全县7个地方进行试点：1个行政机构、3个县城小区、2个村庄和1所学校。2019年宜丰县进一步推广生活垃圾分类试点，城区覆盖面推广到40%，农村推广到25%。

宜丰县推进垃圾分类工作的主要举措有四点。①建立垃圾回溯标识。政府出资免费为每户居民提供2卷共60个垃圾袋，并配置黄色和绿色两个垃圾桶，分别放在厨房和客厅。每个垃圾袋上都有对应居民的编号和二维码，通过扫码就可以追溯到丢垃圾的户主。②督导动员。每个居民点都配置了统一的垃圾投放点，并有专门的督导员负责。督导员的工资为1800元/月，主要是“40、50人员”，每天上午7:30～9:00，中午12:00～2:30，晚上5:30～8:00负责守桶，居民定时定点投放垃圾。③积分兑换。可回收垃圾称重后可以转化为积分，居民凭积分可以到超市兑换日常生活用品。④社区监督。社区将垃圾分类做得好的居民评选为“分类明星”，将垃圾分类做得不好的居民进行曝光。

农村的生活垃圾分类实施方式与城区略有差异。①垃圾桶配备差异。各村为农户配备两个统一标识的垃圾桶，一个投放有毒有害垃圾，一个投放其他垃圾，农户的厨余垃圾自行沤肥处理。②农村垃圾分类没有配备督导员，而是通过村两委和党员干部进家门宣传，并与农户签订责任状的方式来推进垃圾分类工作。保洁员在农户对垃圾进行初分的基础上再做二次细分。

垃圾分类是一个系统工程，除了前端分类以外，末端处理设施也要分类。宜丰县2016年投资4300万元建设了一个垃圾填埋场，后面又追加1000万元进行垃圾渗滤液处理，共投资了5300万元。垃圾填埋场建成后，政策发生变化，垃圾必须先做焚烧处理，再运送到上高县的焚烧厂进行处理。在2016年以前，县城的生活垃圾露天倾倒，存在污染问题，县政府投资560万元进行了整治及生态修复。近年来，宜丰县在县城集中投放了一批垃圾分类处理设施。其中，可回收垃圾由企业回收；有毒有害垃圾由专门的车辆收集并存放到厂房，积累到一定数量后运送到县外有处理能力的垃圾处理厂进行处理；厨余垃圾由宜丰县投资兴建的处理池统一处理；其他垃圾中的大件垃圾，宜丰县正在筹建一个大件垃圾拆解厂，专车收集后再做处理。

（三）民众参与生活垃圾治理

在农村生活垃圾治理中，需要民众直接配合的事情有三件：一是房前屋后垃圾的清扫；二是日常生活垃圾的分类；三是全村范围内的垃圾清运费用的筹集。

农村居民的日常生活垃圾的定点投放和初步分类，其关键是改变农村居民的垃圾处理习惯。生活垃圾主要有两类：一是工业时代和市场经济的特殊垃圾，如包装袋；二是日常生活产生的果皮、厨余垃圾。从垃圾分类的角度来看，只要不过于精细化，绝大多数农民是可以做到的。一般而言，在村庄生活的人口越来越少，农村对垃圾的净化能力越来越强。对农村工业制品的垃圾及其污染治理，更重要的是源头治理而不是末端治理，提高包装袋降解技术，降低其生产成本才是解决问题的关键。

村庄的生活垃圾处理方式，根据参与的主体可明确区分为三种实践类型：其一，村内环保以村集体自我组织、自我供给为主，村内垃圾清运到集镇和县城，外包给第三方服务公司，村集体和村民分别承担部分清运费用。其二，村内环保以村集体自我组织、自我供给为主，村内垃圾清运由镇政府直接负责运至县城垃圾集中处理中心，清运费用主要由镇政府和村集体负责。其三，村内环保全部统一外包给第三方服务公司，费用主要由村集体和村民负责。

生活垃圾集中处理离不开市场化机制，但也无法离开民众的积极参与。如何发挥市场主体的效率，以及激发民众参与的潜能，建立一个完善的农村垃圾分类与处理体系，宜丰县正在积极试验探索。

三　生活污水处理

宜丰县的工业主要集中在工业园区，乡村的工业企业不多，乡村污水防治的主要工作是生活污水处理。乡村的人口主要分布在集镇和村庄两级，集镇的人口相对集中，村庄的人口则较为分散。

宜丰县在全县所有的集镇和部分人口较为集中的自然村开展了生活污水处理设施和配套管网建设。2014 年，宜丰县在 9 个规模较大的集镇建设了生活污水处理设施。2017 年江西省提出了集镇生活污水治理三年行动方案，对集镇生活污水处理标准提出了更高的要求。省里要求建制镇和百强中心镇开展生活污水治理工作，宜春市进一步要求处于昌铜经济带的四个县的集镇生活污水处理要做到全覆盖。目前，集镇污水处理建设项目总计 12 个。在 16 个乡镇（场）中，新昌镇和桥西乡两个城关乡镇被纳入县城污水管网；其他 14 个乡镇（场）中，黄岗山垦殖场与石花尖垦殖场的场部分别与潭山镇和黄岗镇的集镇相连，共建一个污水处理系统。

2018 年以来，宜丰县对集镇生活污水处理设施和配套管网进行改造。生活污水项目实施采用各乡镇（场）自行实施模式，各乡镇（场）按《宜丰县重点工程建设项目管理办法（暂行）》和《宜丰县农村基础设施提升工程和县乡道提升改造工程项目资金管理办法》文件的有关规定，选择设计、施工、设备安装等单位，组织项目实施，按程序申请资金拨付。宜丰县要求各乡镇（场）集镇生活污水管网建设整改投资原则上不超过 400 万元，生活污水处理设施整改投资不超过 200 万元，县政府批准的 14 个项目总造价约 8400 万元，最终资金以实际核算为准。其中，石市镇集镇处于水源保护区范围内，生活污水处理设施的建设标准较高，最终实际造价 1000 多万元。

集镇生活污水项目的建设资金从国开行农村基础设施提升项目贷款中解决，还款由乡镇（场）和县共同承担。其中，乡镇（场）承担 30%，县承担 70%。集镇生活污水处理设施按照每人每天0.1吨的标准设计处理容量，多数乡镇（场）集镇的常住人口在1000～2000人，日处理量在100～200吨。截至2019年底，宜丰县的乡镇（场）集镇生活污水处理项目大部分已经完工，准备投入使用。

村庄一级的生活污水处理以自然村为单位，在人口较多、居住较为集中的村庄进行。2019年，宜丰县在40多个自然村建设了生活污水处理设施和配套管网。比如，天宝乡在2个村实施雨污分流，每个村各投入260多万元开展污水管网铺设和污水处理站建设。村庄一级的生活污水处理设施采用人工处理和绿色降解相结合的技术方案，建设成本相对较低、维护运营也较为简便。生活污水处理设施的管理运营由村委会指派专人负责，村庄自主管理。

四　秀美乡村建设

宜丰县有215个行政村（分场）、1822个自然村。农村环境治理一直是新农村建和秀美乡村建设的主要内容。宜丰县的新农村建设以自然村为单位组织实施，建设内容为“七改三网”：“七改”即改水、改厕、改路、改房、改沟、改塘和改环境；“三网”即电网建设、广电网络建设、电信网络建设。2017年，江西省提出新农村建设“四年扫一遍”行动，计划到2020年新农村建设覆盖所有25户以上的自然村。截至2019年底，宜丰县已经完成了1275个自然村的新农村建设。秀美乡村是新农村建设点的升级版，按照乡村旅游的标准进行打造，也是以自然村为单位组织实施。宜丰县总共打造了11个秀美乡村示范点，如宋风刘家、七彩炎岭、鱼乐新桥、醉美平溪、禅镜洞山等，每个点投入500万～1000万元。秀美乡村建设的风向标在逐渐发生变化，从开始注重景观效果，转变为侧重基础设施建设，更注重为大多数人服务，由此可见，政策越来越注重实效。

宜丰县在秀美乡村建设中贯彻落实“精心规划、精致建设、精细管理、精美呈现”四精理念，大力改善农村人居环境，围绕创建美丽宜居试点县和省全域旅游县，高质量推进秀美乡村建设，探索出了富有借鉴意义的经验。

一是精心规划。宜丰县制定了《宜丰县“整洁美丽，和谐宜居”新农村建设行动规划（2017－2020年）》，坚持规划先行，规划编制充分征求村民意见，积极发挥村民理事会的作用。宜丰县组织党政代表团先后到德清、安吉和上饶广丰、信州等地考察学习。各乡镇（场）也积极组织乡、村、组干部和群众代表到周边县市参观学习，广泛引入先进理念，科学规划设计。每个秀美示范村庄选点都考虑其历史文化传承、全域旅游、产业发展等重要元素，如平溪是中国第四批历史文化名村，境内有4000余年的左山文化遗址，可呼应天宝古村旅游，新桥有每年可承办国家级、省级钓鱼赛事30余场的钓鱼基地。规划都经过多次评审，广泛征求意见，参加规划的有县主要领导，分管领导，乡、村、组干部，村民代表以及社会相关人士，确保了每个规划、每个细节的确定慎而又慎，充分尊重了群众意愿。

二是精致建设。以“拆三房”“七改三网”“三化”等为新农村建设主要内容，新农村建设理事会负责具体协调和建设监管工作。2017年的3个秀美示范村庄由属地乡镇（场）严格按程序招投标建设。2018年的7个秀美示范村庄，采用的都是规划、设计、施工一体化的EPC模式，其中3个村庄由县新村办统一进行EPC招投标，其他4个村庄由属地乡镇（场）

按程序招投标并建设。在规划中，宜丰县坚持传承和保护文化的原则，没有大拆大建，不挖山不填塘，对古树古桥古建筑等进行保护，充分挖掘地方人文底蕴，保护好传统文化遗产，引导地方特色产业发展。

宜丰县在秀美乡村建设中，注重推行“4+X”建设模式，“4”为乡村文化展示馆、茶馆、民宿馆、农家乐，“X”为党建、产业等。同时，还坚持了六个结合：①与推进“厕所革命”相结合。秀美乡村示范村庄都建设了1个以上示范型公厕，改厕率达到100%。②与推进农村集体产权制度改革相结合。在生态、旅游、服务等领域，引导、探索、发展壮大村集体经济。③与推进农村宅基地制度改革相结合。宅改完成率达到100%。④与推进农村污水处理相结合。按要求进行了雨污分流，并建设了污水处理设施。⑤与推进农村绿色殡葬改革相结合。全县火化率为100%。⑥与推进农村环境整治工作相结合。出台了《宜丰县农村人居环境整治三年行动实施方案》，全面开展农村人居环境综合整治。

三是精细管理。宜丰县健全了秀美示范村庄建设工作机制，成立了县领导小组，乡镇（场）、村、组成立了专门工作组，每个点都有县领导挂点负责。在建设秀美村庄过程中，注重引导居民的乡风文明建设，居民逐渐养成了爱护公物、自觉保洁等习惯。有关部门出台了《宜丰县秀美乡村精致化管理办法（试行）》，加强对秀美乡村长效管护、全域管护，进行秀美乡村卫生保洁、绿化维护，公共设施及基础设施管护等，解决重建轻管问题。

四是精美呈现。按照围绕产业做秀美乡村，做好秀美乡村发展产业的理念，宜丰县秀美乡村建设注重挖掘和利用乡村生态资源、气候资源、特色文化，鼓励村民自主创业，引导社会资本进入村庄。各乡镇（场）都在积极探索引入、发展产业，充分利用村组集体山、田等资源，壮大村集体经济，引导群众多方创收。宜丰县还着力培育乡村休闲旅游、文化体验、养生养老、农村电商等新产业新业态，推动乡村经济多元化发展。村民因此受益明显，村组集体经济收入也有较大提高。

> 案例6－1：秀美乡村建设促进了产业兴旺，新昌镇"鱼乐新桥"秀美示范村庄引入5000万元投资，建设水上乐园项目；黄岗山垦殖场"七彩炎岭"建成了规模4000多亩的"杨梅、猕猴桃、草莓及火龙果"的"水果村"，大力发展现代种养业；芳溪镇"红色庙前"依靠省级奖补资金100万元建设村集体合作社。

秀美乡村建设的宜丰经验主要有四个方面。一是先规划，制定切合实际规划的标准。建设秀美乡村，离不开美好蓝图，制定规划标准很重要。规划标准的制定一定要群众参与、多方论证，因地制宜，贴合农村实际，不能由少数人拍脑袋决定，既要尽量保留乡村田园风光的自然风貌，又要彰显"看得见山、望得见水、记得住乡愁"的意境。二是抓产业，不断增强农村发展的内生动力。要始终把产业发展作为秀美乡村建设可持续发展的关键环节，农民富了，秀美乡村建设才有生机。要积极引导广大村民充分依托村庄优势，重点打造一批标准化、规模化的富民产业示范工程，形成"一乡一业""一村一品"的产业发展格局。三是重生态，全面提升人居环境。建设秀美乡村，要坚持以生态为基础，统筹保护与开发。全力推进农村人居环境三年整治行动，进一步完善城乡环卫一体化治理机制，推进农村"厕所革命"，推进农村生活污水治理。深入实施“河长制”“林长制”，继续推进水库水环境治理，因地制宜推进“绿化美化彩化珍贵化”建设。继续做好农业面源污染防治，推进畜禽粪污、秸秆等可循环资源的利用。突出农村精神文明建设，改变农民影响人居环境的不良习惯，提升乡风文明。四是树标杆，扎实推进秀美乡村示范点创建。“一花引来百花开。”打造秀美乡村样板是为了推广可复制的模式。要依托现有资源，充分挖掘乡村特色，多途径探索秀美乡村建设的新路子。要紧紧围绕“四精”理念，开展好“六统四联创”活动，选准选好示范创建对象，明确好建设定位，发展好特色产业，做好文化提升，确保建一片成一片，使创建对象成为该县秀美乡村建设的学习标杆。

五　大生态、小环保

宜丰县农村环境治理的一个重要经验是，农村环境治理和农村实际相结合，努力探索处理好地方政府、市场和农民三者之间的良性互动关系。农村环境治理嵌入农民的生产生活体系中，宜丰县力图将环境治理融入农村生态体系中去。

生态文明建设的核心在于建立和谐的人与自然的关系，但人与自然的和谐关系是建立在特定的生产生活方式的基础上的。传统的乡村生活方式具有显著的“亲自然性”的特征，这在很大程度上是由农业生产的“亲自然性”决定的。在农业社会，农民逐渐建立了一套适应于周边自然环境的生产生活方式，形成了一套与自然环境相协调的生态系统。“亲自然性”意味着，农民的生产生活服从于自然规律，在生产与生活、自然与生活之间形成了有机的自循环体系。

在工业文明时代，由于生产力的巨大进步，人类的生活水平得以大幅度提升，但这也增加了资源损耗和环境破坏，生态环境保护问题因此日益突出。在某种意义上，环境污染的界定是以现代生活方式为基础的。生活方式从本质上来说就是一套有机的生态系统，不同的生活方式具有不同的生态系统。只有理解了人们的生活方式，才能理解生态环境问题。

因此，生态文明建设意味着如何用高质量的现代生活方式重塑乡风文明。以现代文明标准来看，人们的生产生活方式因丧失了有机性和亲自然性，成了生态文明建设的题中之义。随着工业化和市场化的发展，农民的生产生活早已经融入全国统一的市场体系之中，农民的消费内容也在发生改变，大量的工业品涌入了农民的生活之中，垃圾围村等环境污染问题日渐突出。

农村环境治理具有“大生态、小环保”的特征，环境治理不仅是环保问题，更是乡风文明建设的内在要求。农民的生活方式是在长期的历史过程中形成的，很难通过强制性的行政力量在短期内改变。同时，农民的生产行为和生活方式高度关联，这意味着农民生活习惯的改变亦是一个长期的过程。只有认同现代生活方式，农民才能在生态文明建设过程中产生获得感。

第七章　共建共享：生态文化建设新路径

宜丰县始终把生态文明建设摆在突出位置，大力倡导绿色发展理念，弘扬生态文化，动员广大干部群众积极参与生态文明建设，突出城乡绿色联动和绿色惠民，切实增强全县人民的生态福祉，为推进国家生态文明试验区建设营造良好的舆论氛围。

宜丰县生态文明宣传和生态文化建设已有突出成效，如以官山国家级自然保护区生态教育基地和宜丰县生态环保展示馆为基础，形成了生态文明宣传教育（体验）基地；充分挖掘和弘扬宜丰禅宗文化、竹文化、田园文化、生态山水文化等，推动了生态文化创新；广泛开展绿色机关、绿色社区、绿色校园、绿色家园、绿色企业、生态乡村等活动，培育壮大了志愿者和义务监督员队伍。概言之，宜丰县走出了一条生态文化建设新路径，为构建全民参与、共建共享的生态文明建设新局面创造了社会基础。

一　生态文明宣传促共识

生态文明宣传是人们达成生态文明建设共识，树立“绿色引领”理念的关键。宜丰县采取全方位的生态文明宣传，为生态文明建设营造了良好的社会氛围。

宜丰县在生态文明宣传中，坚持媒体先行，全方位、多角度转发宜丰生态文明建设各项举措。一是浓厚的新闻宣传氛围。宜丰县制定并下发《宜丰县生态文明建设宣传工作实施方案》，在宜丰发布、宜丰电视台、宜丰通讯、宜丰信息港等媒体开辟专题专栏，报道生态文明建设的政策和经验做法。上级主流媒体还刊发了《宜丰以环保倒逼促经济转型升级》《绿色发展的“宜丰实践”》《宜丰走好转型升级绿色发展之路》等生态文明建设的“宜丰经验”。二是浓厚的社会宣传氛围。宜丰县在城区主要路口、各乡镇（场）、部门单位制作了文化墙、宣传牌、电子屏等生态文明宣传阵地；组织开展了宜丰县生态文明宣传主题口号及生态文明建设“金点子”建设征集活动；2018年6月举办了首届生态文明主题宣传月活动，推动了生态文明宣传教育工作，通过专题宣传、专项创建等方式，组织开展了各类形式多样的绿色生态活动。三是浓厚的媒体监督氛围。宜丰县拍摄制作了“全县环境综合整治明察暗访情况汇报专题片”，加大对城乡环境、大气防治、偷排涉污等行为的曝光力度。

与此同时，宜丰县生态文明宣传还注重聚焦网络“生态舆论”。宜丰县有关部门加强环保舆情的分析、研判和报送，做到第一时间发现、第一时间处置、第一时间回复。在此基础上，宜丰县妥善处置了突发事件。针对“园区企业垃圾堆放及烟尘排放”“物宝公司事故性排放”等舆情，宜丰县及时公开信息，让舆情保持了积极健康、总体平稳向上的良好态势。为了进一步引导舆论，让广大网民了解生态文明建设的具体措施，宜丰县有关部门还编发了《“严”字当头抓环保问题整改》《推进“三净”工程打造绿色园区》《以环保为底线促园区企业健康发展》等文章。

宜丰县将生态文明宣传教育融入既有的宣传教育体系中，促进“绿色引领”共识的形成。一是融入理论宣讲。宜丰县组建了以党员干部、身边好人、乡土能人为主的“草根民嘴”宣讲团，搭建百姓宣讲、乡村讲习所等平台，举办各类宣讲活动，推动生态文化进机关、进企业、进校园、进家庭。二是融入课堂教学。宜丰县制作了《宜丰印象》宣传片，深入挖掘宜丰禅宗文化、竹文化、田园文化、生态山水文化等，弘扬绿色生态文化，将生态理念和生态文化教育纳入中小学校自然科学教学和党校培训工作体系之中。三是融入文化下乡。县生态办联合县生态环境局、县文广新旅局、县城管局等单位，开展“世界环境日”宣传周、文明旅游在行动、“三下乡”巡展巡演等活动，创作《宜丰垃圾分类歌》、编排广场舞，大力宣传生态环保知识。四是融入生态创建。宜丰县注重培育生态文化，潭山镇店上村荣获“全国生态文化村”称号；成功举办了首届千人骑游大会和多届栀子花乡村旅游节；公共文明指数测评连续两年位居全省第一；芳溪镇下屋村等 4 个村庄入选首批省级传统村落；连续 5 年被评为全省农村清洁工程先进县。

宜丰县积极培育生态文化、提倡生态道德，使生态文明成为社会主流价值观，全社会形成了崇尚生态文明的新风尚，达成了“绿色引领”的共识，为生态文明建设营造了良好的社会氛围。

二　生态文明共建促合力

生态文明建设关系各行各业、千家万户，生态文明建设也需要专门将生态文明建设工作和群众动员相结合。宜丰县各职能部门在开展生态文明建设中，充分发挥人民群众的积极性、主动性、创造性，凝聚民心、集中民智、汇集民力，形成了共建生态文明的格局。

一是联建生态文明建设和文明城市创建。宜丰县制定了《宜丰县创建全国文明城市三年行动方案（2018－2020年）》，全方位、多角度助力生态文明建设。宜丰县把环境卫生、垃圾分类、雨污分流、黑臭水体、空气质量等指标，作为精神文明建设的考核指标，作为评选文明单位、文明村镇的重要依据。同时，宜丰县下发了《关于调整路段监管和网格成员单位及组成人员的通知》，进一步完善以片长、路长、巷长、楼长为主的城市管理“四长制”，形成了“片区包干、网格管理、四长推进”的长效机制。这一长效机制既保证了文明城市创建，又保障了生态文明建设持续推进。城市文明创建和生态文明建设都离不开志愿服务。宜丰县成立了环境保护、卫生监督、垃圾分类等5支生态文明志愿服务队，志愿者人数有400余人，为开展生态文明公益活动和志愿服务奠定了扎实的群众基础。

二是在生态文明建设中广泛动员群众参与。宜丰县在生态文明建设过程中，坚持把群众工作做在前面，让生态文明建设的各项政策转化为群众自己的意愿。比如，在垃圾分类与减量工作中，宜丰县将志愿服务工作放在突出位置。县文明办出台了《宜丰县生活垃圾分类和减量志愿服务工作实施方案》（宜县文明办〔2018〕10号），成立了县生活垃圾分类和减量志愿服务工作领导小组，负责生活垃圾分类和减量志愿服务工作的协调联络、组织实施工作。全县组建了73人的垃圾分类志愿服务队，通过开展“垃圾分类劝导和监督”志愿服务行动、“垃圾分类减量进校园”主题教育活动、“大手牵小手、环保一起走”公益行动、“垃圾分类减量”主题公益宣传活动等，充分发挥志愿服务的优势，使志愿争做生活垃圾分类和减量的宣传者、倡导者、践行者，有力推进了生活垃圾分类和减量工作。

三是保护传统文化，丰富生态文明建设。宜丰县是一个有丰富传统文化的古县，境内不仅保留有诸多名胜古迹，群众生活中也蕴藏着诸多的非物质文化遗产。保护传统文化，既是文化传承的内在要求，也是丰富生态文明建设的必然选择。一些非物质文化遗产项目既与农民家庭的生计密切相关，又是宜丰县实施生态产业化的重要优势。比如，宜丰根艺、江西风水林保护习俗、宜丰竹艺等省级项目，已经在宜丰县绿色产业发展战略中占据重要位置。目前宜丰根艺已被列入全省20个省级候选“非遗小镇”之一。2019年1月鸿星木雕厂代表宜丰根艺入选江西省2019~2021年生产性示范基地。

目前，宜丰县共有非物质文化遗产省级项目10个，市级项目18个，县级项目56个。其中，宜丰县2010年6月入选第三批省级项目的有恒白话故事、洞山的传说、牌楼神狮舞、宋家双狮舞、宜丰根艺、天宝罗酒酿造技艺、宜丰霉豆腐制作技艺、宜丰风水狮8项，2013年8月入选第四批省级项目的有江西风水林保护习俗、宜丰竹艺，共计10项被列入江西省非物质文化遗产保护名录。

宜丰县另有18项非物质文化遗产被列入宜春市第二、三、四、六批非物质文化遗产保护名录。2007年3月第二批是恒白话故事、许真君的传说、牌楼神狮舞、宜丰根艺、宜丰吹塑版画、天宝罗酒酿造技艺、宜丰黄连麻糍7项；2009年2月第三批是洞山的传说、宜丰开扎、宋家双狮舞、宜丰霉豆腐制作技艺、宜丰闹新房婚俗、宜丰风水狮6项；2012年4月第四批是江西风水林保护习俗、宜丰竹艺、宜丰刺绣3项；2018年11

月第六批是找桥火龙灯和宜丰米糖制作 2 项。

此外，宜丰县公布了三批县级非物质文化遗产保护名录 57 项，认定了县级非物质文化遗产代表性传承人 60 多名。

三　生态文明成果促共享

宜丰县是生态大县、林业大县，近年来，宜丰县坚持扶贫开发与生态保护相统一，林业部门结合林业行业特色，坚持“国土增绿”与“农民增收”相结合，积极落实精准脱贫、生态脱贫工作要求，深入探索生态补偿脱贫机制。具体而言，宜丰县通过实施生态工程建设、生态林补偿、国家林业补助资金、林业产业带动、科学技术支持等途径认真开展“生态扶贫工程”工作，真正实现了生态文明建设的目标。

宜丰县林业部门通过整合林业项目资源，在申报、设计、建设、政策兑现等方面向贫困村、贫困户倾斜；在退耕还林、天然林保护、造林补贴、森林抚育等国家林业重点工程项目上，落实天然保护林、生态公益林补偿资金；在林业产业发展等方面向贫困户倾斜。具体措施包括以下几项。

①实施人工造林扶贫。宜丰县充分利用现有的宜林地进行人工造林，对人工造林面积在 1 亩以上的农户，每亩补助 200 元；对原来实施了退耕还林的贫困户，支持其发展退耕还林树种调优等后续产业，并按照国家退耕还林调优政策予以补助，扩大退耕还林贫困村、贫困户的增收空间，提高退耕还林综合效益。

②实施生态补偿扶贫。宜丰县重点推进昌铜高速生态经济带生态补偿试点工作，继续实施 70 万亩重点公益林森林生态效益补偿政策，目前每亩补助 21 元，并积极争取上级支持，

健全重点公益林生态补偿标准动态调动机制，力争使昌铜生态经济带生态补偿试点范围的补偿标准与重点公益林持平，生态补偿直接帮扶贫困户 373 户，资金达 188006.91 元。

③实施森林经营工程扶贫。一是低产低效林改造。改造内容包括低效林补植、油茶低产林改造、毛竹低产林改造。主要对毛竹、油茶等低产低效林进行砍杂、垦复、施肥、扩穴、补植和修枝，促进低产林早日成林，农民早日收益。对低产低效林补植每亩补助 300 元；对油茶低产林改造每亩补助 100 元或 200 元，毛竹低产林改造每亩补助 150 元。二是中央财政森林抚育补贴项目给予每亩 95 元的补助。

④实施林业科技扶贫。宜丰县结合林业科技人员服务基层活动，开展一个专家结对一个贫困村的帮扶行动，以贫困村和贫困户为重点，开展林业实用技术培训和新品种、新技术推广应用，建立一批林业扶贫示范基地、示范村和示范户。

⑤实施“天保工程”扶贫。宜丰县全面停止天然商品林的采伐，完成了 23.84 万亩集体天然商品林和 4.55 万亩国有天然商品林的协议停伐工作，将贫困村、贫困户符合条件且其同意被纳入天然林保护并签订合同的全部纳入了天然林保护范围，天然林保护工作涉及 219 户贫困户，“天保工程”扶贫资金共计 12.169 万元。

⑥油茶产业扶贫。宜丰县 2018 年油茶产业规模有 139.6 亩，扶贫资金投入 2.0 万元，农户自筹 2.4 万元，资金总计 4.4 万元，覆盖贫困人口 22 人，该年贫困人口人均收入为 0.1 万元。

⑦生态保护人员扶贫。宜丰县利用生态补偿和生态保护工程资金，在天然林保护、公益林管护、护林防火等生态保护用工中，优先聘用贫困农民 31 人，使其人均增收 1300 元以上。

林业部门开展的生态扶贫工程只是生态文明建设成果惠及广大群众的一个缩影。事实上，宜丰县几乎每一项生态文明建设都着重考量群众的根本利益和长远利益，这是宜丰县统筹经济社会发展和生态文明建设的具体表现。

下 篇

绿色生活

绿色交通

乡道

自行车赛道

城市绿色出行——共享单车

休闲运动

绿色休闲

广场舞展演

江西都市频道广场舞海选走进宜丰社区

全国公路自行车赛事

自行车越野赛

绿色运动

机关干部健步行活动

洞山禅修

公园健身

林中晨炼

崇文中学

校园足球

宜丰体育馆

农村居家养老

生态扶贫项目　　　　幸福食堂

农村民宿

农旅结合生态旅游

太极拳表演

按语：绿色生活方式的转型

农民的绿色生活方式是生态文明建设的重要组成部分，它包含两方面重要内涵。一方面，绿色生活既是指将生态、环保、文明的理念融入农民的健康生活习惯中，使农民的生活方式能够与生态文明的要求相契合，让人人成为生态文明建设的实践者与推动者。另一方面，生态文明建设可以成为社会转型的重要推动力，引领农民在城乡社会巨变的时代安顿好生活，顺利完成生活方式的现代化转型。因此，要理解生态文明就必须理解农民的生活，要进行生态文明建设就必须将生态文明嵌入农民的生活实践中，在农民生活的具体实践中，真正完成生活方式的绿色转型。

我国正处于快速推进城市化时期，农民作为社会转型的重要主体，其生活不可避免地被卷入社会结构的现代化转型、城乡关系的重组中，并面临前所未有的转型压力。宏观结构的变革将整体性地渗透农民的生活世界，从最基础的生活空间、生活方式，到基础性的家庭再生产，一切旧的秩序都在或快或慢地松动瓦解，农民的生活进入了一个全面重塑的时期。因此，如何能够在新时代安排好生活、安顿好家庭，成为农民能否顺利完成现代化转型、新的社会秩序能否建立的关键问题。

宜丰县生态文明建设的可贵之处就在于，它真正将生态文明建设融入了时代与社会结构变迁和农民生活的转型中，通过政府引导的新生活运动，立足于农民切实生活需求，重新塑造城乡新的文明生活方式。宜丰提倡的绿色生活方式突出表现在以下四个方面。

其一，通过绿色交通体系建设推动城乡互通，满足农民的城市化需求，促进城乡融合。随着城市化进程的加速，农民逐渐处于“半城半乡”的生活实践中。一方面，县域的城市建设与农民对城市生活的追求，共同推动农民生活半径不断向城市扩展。另一方面，有限的城市化能力，使农民仍然高度依赖乡村的生产、居住、养老等一系列保障功能。宜丰县通过有效的公共交通体系建设，既降低了农民在城乡之间往返的成本，又使农民能够拥有城市发展条件与农村的社会保障优势。这进一步推动了绿色交通体系建设。

其二，建立现代化的公共休闲体系，丰富了农民的精神文化，为健康文明生活的形成提供基本条件。在城镇化背景下，农村公共闲暇向城市个体化闲暇转变，农民的闲暇时间增多且锻炼意识增强，体育健身活动已经成为农民重要的闲暇和交往方式。为满足全民参与健身锻炼的需求，宜丰县发起全民参与体育健身活动，形成了“资源撬动自治”模式，即社团协会自组织+政府注入小额资源模式。宜丰县构建的全民健身体育服务体系，带动了全县体育社团的多元化发展，提升了全县体育事业的综合水平。

其三，建立多元的社会养老模式，进而满足不同农民的养老需求，实现了乡村养老的全覆盖。我国逐渐步入老龄化社会，养老问题日益凸显，农民大规模的城市化又进一步引发了家庭的时空分离，带来了家庭养老困境。为满足农民养老的家庭伦理需求，在政府的积极引领下，宜丰县建构了丰富多元的社会养老模式，实现了良好的养老秩序。尤其是宜丰县通过

“幸福食堂”建设，推动在地化的社区养老模式发展，解决了乡村空巢老人的照料问题，建立起了低成本、高福利的养老体系。

其四，在尊重乡村社会风俗的基础上，稳步推动殡葬改革，在乡村建立起新的丧葬秩序。殡葬改革的本质是移风易俗。移风易俗不等同于风俗移易。风俗移易指的是特定区域或特定群体的习俗发生自然而然的变迁的现象，而移风易俗则指的是人们有意识地改变某些既有风俗习惯的特定行动。移风易俗具有必要性，难点在于新旧之间的转换，实现破旧立新。宜丰县在移风易俗过程中，重视群众工作，让农民真正理解移风易俗的意义，由此形成新的社会风俗。

第八章　绿色出行：城乡融合的生活圈

交通运输是经济社会发展的重要基础条件，又是乡村振兴的重要内容与助推力。党的十九大报告提出建设“交通强国”后，习近平总书记对“四好农村路”建设做出重要指示，强调要从实施乡村振兴战略的角度深化对农村公路建设的认识，既要把农村公路建好，更要管好、护好、运营好，为广大农民致富奔小康、为加快推进农业农村现代化提供更好的保障。宜丰县的公共交通运输建设是生态文明建设的重要组成部分。宜丰的经验表明，随着县域城市建设的不断推进，农民的生活半径扩大，并形成了“半城半乡”的生产生活形态，公共交通运输体系的建设能够有效推进城乡融合，提高农民的生活水平，助推乡村振兴。

一　城市化与农民生活空间扩展

乡村公共交通体系的建设与城乡关系的变革密切相关。在城市化的进程开启前，农民的生产生活主要以村庄为基本场域。村庄既是农业生产的经济空间，也是农民日常休闲、社会交往的互动空间。同时，农民所需的基础公共服务，例如各类日常病症的医治与小孩中学前的教育的需求基本能够在乡村地域内得到满足。县乡两级在一定程度上承担了满足农民溢出村庄的需求的责任，但总体来说，其在农民生活中的作用十分有限。尤其是县一级，除了子女考上高中，或是少数家庭得了重病不得不去县医院救治，大部分农民很少去县城。可以说，村落构成了农民生活与生产相对完整的单元，能够满足农民大部分的需求。

但是，城市化进程的开启彻底改变了城乡之间的关系。以县域为中心的地方城市化建设，不仅使县城的功能快速扩张，更对处于乡村社会的农民产生了巨大的吸引力。县域的城市化进程首先改变了乡村社会的人口分布结构，乡村人口逐渐从农村转移到县城，农民的就近城市化大幅度增加了县城的居住人口。当前，宜丰县人口共计 299843 人，县城的常住人口达到了 9 万人。县城对乡村人口的吸纳是全覆盖的，这不仅表现在部分乡村人口向县城聚集，它更核心的内涵在于，通过县城城市化功能的扩张，使农民多个面向的生活功能从乡村扩展到县城，从而使农民的生活空间打破村落场域，呈现向城市扩展的趋向。总体而言，可以将县城的城市化扩张与农民的生活扩展概括为以下三个基本方面。

其一，县域工商业的扩张与农民本地就业的城市化。经济机会的增加是区域人口吸纳能力的基础。宜丰县在 2001 年前后响应江西省在县一级建设工业园的号召，通过招商引资提高县城的工业化水平。县一级工业园一开始吸纳的产业有限，2008 年承接了浙江地区储能产业的转移，该产业在地方政府的培育下逐渐形成了一定的规模，为工业园的发展打下了基础。当前宜丰县基于竹林、瓷土矿、水的资源优势，基本形成了绿色高效储能系统制造及电子信息产业、绿色装饰材料产业与绿色食品饮料产业这三大产业。县域的工业化增加了本地的就业机会。尽管相比沿海发达地区，当地企业的工资水平相对较低，一般在3000～4000元/月，但就近就业能够照顾家庭、降低生活成本，县域的工业园仍然吸引了大量农民就业。当前县工业园共有企业213家，吸纳了该县19932名劳动力，占县域总人口的6.6%。此外，随着县域人口与功能的不断增加，县域内的服务业也大量兴起，各类餐饮、出租车、经营性商店都属于这一行列，这些都为当地农民提供了相对充足的就业机会。可见，农民的当地就业领域已经从农业扩展到了县域内的工商业。

其二，县域公共服务体系的建立与农民教育、医疗的城市化。公共服务在县城的相对集中基于两个原因：一是由地方政府出于城市建设与提高服务供给效率的需求主动推动；二是农民对家庭发展目标的重视，其产生了强烈的享有城乡一体化公共服务的需求。正是在这一过程中，以医疗和教育为核心的县、乡、村的公共服务供给体系开始重组。乡、村两级公共医疗与教育服务出现了相对萎缩，尤其是村一级，县域开始承担越来越多满足农民教育需求的任务。从教育上看，当前宜丰县共有村教学点110个，学生总人数不到1000人，大部分农民选择让孩子在乡镇和县城接受小学教育。2015年，该县进一步整合了乡镇的9所中学，将其合并为一个大的县级中学（崇文中学），校址在县城郊，在校生达到了4323人，只在距离县城较远的地区保留了4所乡镇中学。乡村医疗的情况与之类似，全县乡村卫生室共有205个，没有村医的已经达到55个。由于乡村人口的空心化与农民逐渐向乡与县一级寻求医疗资源，引发乡村卫生室规模的锐减。大部分村医都无法赚取足够的收入维持生活，一部分就退出了乡村医疗的行业。当前该县村卫生室医生的平均年龄达到了55岁，随着这部分人的退休，村一级的卫生室将更难维系。村卫生室的收缩也是未来的一个趋势。

表8-1　县、乡两级2018年和2019年门诊与住院服务人次

单位：人次

	县医院门诊	县医院住院	乡镇卫生院门诊	乡镇卫生院住院
2018年	239582	21649	277568	30341
2019年	311141	27043	421892	31404

与之相对的，县、乡两级承接了越来越多农民的医疗服务（见表8-1），尤其是县一级的三家二甲医院的医疗资源供不应求。当前这三家医院都处于扩建中，以应对农民日益增加的医疗城市化的需求。教育与医疗是农民最关切，也是与之生活最紧密的公共服务，优质公共服务向县城的聚集，必然带来农民与县城更为紧密的关系。

其三，县城休闲娱乐设施的完善与农民闲暇的城市化。县城的城市化建设同样带来各类休闲娱乐设施的增加，并进一步吸引农民在城市空间展开闲暇生活。在大规模城市化以前，农民的闲暇主要依托乡村的社会交往，闲暇方式较为单一，闲暇空间也较为封闭。随着农民生活习惯的逐渐城市化，其对闲暇的需求越来越多，他们也逐渐形成了逛街、逛超市、唱歌、看电影、聚餐等习惯，尤其一些中青年妇女，更加热衷于这些城市休闲活动。显然，这些需求一般很难在乡村得到满足，县城是各类休闲娱乐场所聚集的场域。一是各种商业化的消费场所，县城内有相对齐全的电影院、KTV、购物广场等；二是政府通过市政工程建设，在县城建设公共广场与公园，为城乡居民提供了活动空间。不少农民会在周末带孩子去超市、公园等地方玩耍，年轻妇女也十分热衷到购物中心逛街，给自己和孩子买一些时髦的衣服，即使不买也喜欢定期看看。春节期间，这些场所更是聚集了大量返乡的青年农民，电影院尤其火爆，县城的电影院在春节期间通常会出现爆满的情况。

二　城乡互动的需求与公共交通建设

（一）“半城半乡”与城乡互动的需求

县城城市的建设与农民的城市化共同推动了农民生活圈的城市扩张。但是，与城市的拉力相对的是，乡村社会仍然对农民产生了强大的吸引力。这一吸引力来自乡村仍然发挥着多个维度的社会保障功能，农民较低的城市化能力使其仍然依赖这些功能。因此，尽管县城逐渐将农民的部分生活吸纳进城市中，但农民并未在这一过程中完成完全的城市化，其生活仍然维持在城乡之间，呈现独特的对城乡互动的强烈需求。

首先，大部分农民不具备在城市购房的能力，乡村保障了农民的基本居住权。2019 年，宜丰县的商品房平均价格上升到了 5000 平方米/元左右，按正常居住需求为 100 平方米的面积计算，一套住房的价格在 50 万元左右。这虽然远低于大城市的房价，但大部分农民尚无法承担。农民在城市购房的人口比例在 20% ~40%，超过半数的家庭未能够在城市居住，仍然需要住在乡村的房子。其次，乡村仍然发挥着基本的经济功能，是农民经济收入的重要补充。农民在乡村不仅可以获得农业等经营性收入，而且可以展开各种家庭养殖。这些不仅增加了农民的收入，也提高了农民生活必需品的自给率，能够有效降低生活成本。这对已经在县城购房的农民也有重要意义，不少农民在农忙时期会返回村庄从事农业生产。当地也普遍存在居住在乡村的父母从事农业生产，将农产品输送给进城子女的现象。最后，乡村更构成了农民家庭养老的重要空间。大部分农民无法为父母提供在城市的住房，而且习惯在乡村居住的老人一般也不愿意在城市长期居住，乡村就构成了天然的低成本、高福利的养老场域。

可见，在城市化的转型时期，农民有强烈的在城市追求更高收入、更优质公共物品、更便利生活设施的诉求，其生活需求越来越难以在村落范围内被满足；同时，其还不够强的城市化能力又使他们高度依赖乡村的农业生产、家庭养老等一系列的功能：城市和乡村的任何一方都无法完全满足农民的生活需求，农民必须在城乡之间来往，在城乡之间寻求更优的生活方式，由此构建出农民“半城半乡”的生活方式。乡村公共交通的重要性也在农民基本生活格局中得到凸显，因此一体化的城乡公共交通成为农民城乡生活的重要纽带。

（二）城乡互通与乡村的公共交通建设

公共交通体系的建设包含两个方面的内容：一是建立完善的覆盖城乡的交通道路体系，这是城乡互通的硬件基础；二是建立有效的公共运输体系，保障城乡之间的贯通，这是城乡互通的软件基础。总体而言，宜丰县在这两方面都做出了较好的探索。

在基础路网建设上，宜丰县形成了城乡覆盖、多级互通的完善路网体系。全县共有县道 12 条，总计公里数 172.8 公里，能够保证县乡之间交通路网的贯通。在乡村内部，自 2003 年全国开始推动乡村道路的“村村通”建设，宜丰县经过十年时间的努力，2013 年实现了通村公路全覆盖，全县共有乡道 40 条，总路长 402 公里。宜丰县通组公路的建设也卓有成效，2019 年基本完成，所有自然村都能够做到道路通畅。不过原有的乡村公路大多按照 4 级公路的标准建设，宽度在 3 米左右，为了进一步推动乡村公路建设，当前宜丰县又开始积极推动道路拓宽建设的项目，在部分有需要的村庄将道路从4级公路拓宽为3级公路，实现更高水平的建设。总体而言，由于国家加大乡村公路的建设力度与地方政府的推动，县、乡、村、组四级构成了一个完善的交通网络，为城乡之间互动奠定了坚实的硬件基础。与之相匹配的则是城乡运输体系的建设。相比路网，交通运输的发展是城乡实现互动互通的关键。随着农民家庭经济收入的不断提高，越来越多的家庭购买小汽车，当前宜丰县共有私家车46532辆，且呈逐年递增的趋势。私家车增加了农民出行的需求，满足了农民出行的多样性与便利性。但当前农村仍然有大量经济条件一般的农民，以及缺乏驾车能力的老人与小孩，这部分群体也有强烈的在城乡之间进行往返的需求，对他们来说，公共交通体系的建设意义重大。

近年来，为了建立城乡一体化、方便农民出行的公共交通体系，宜丰县进一步优化了公交体系。一是投资1.45亿元进一步完善路网，对不能通行公交车的地区进行道路拓宽。同时，增加客运车数量，将34辆旧公交车全部换成了新型公交车，并增加了51辆新车。二是增加客运汽车数量与发车班次，方便农民出行。目前，宜丰县已开通公交路线11条，覆盖了全县所有16个乡镇（场），日发班次160多班，形成了辐射全县农村的客运网络。公交车班次的增多极大地减少了农民出行的时间成本。三是合理设置停靠站点，在提高停靠站点覆盖率的同时，重点增加一些人口密集乡镇的停靠站点，做到公平与效率的兼顾。为了能够照顾到各个乡镇（场），宜丰县明确提出了“车头向下，村口始发，通村达户，平安到家”的思路，尽量提高乡村的通车比例，打通县、乡、村三级客运网络。

当前，宜丰县城乡公交实现了对16个乡镇（场）的全覆盖，村庄的通客车率达60%，通车里程300多公里。一些人口较为密集的重点乡镇，增加了客运班次后，基本能够做到20分钟发一班车。此外，县公交公司结合农民的需求采取了相对灵活的运输经营方式。农民在县乡之间常规往返，主要是为了在县城打工与孩子上学。为了方便当地企业顺利吸纳乡村的剩余劳动力，也为了方便农民增加就业机会，县公交公司与几家劳动密集型的企业签订接送协议，根据工人的上下班时间与居住地点，开展上下班接送服务。为了方便学生的上下学，县公交公司也与学校达成了类似的接送协议，在城市中小学校与村庄之间建立公共校车接送体系，降低农民家庭的教育成本。

从以上可见，宜丰的公共交通运输体系具有高覆盖率、班次密集的特点，大大方便了农民的出行。更为重要的是，上述因地制宜的措施，与农民的生活方式、乡村人口结构相吻合，真正使交通体系的建设融入了农民的生活实践中。宜丰县城乡交通路网的打通，使大部分村庄到达县城的时间不超过1个小时，这为农民往返于城乡之间提供了条件。在公共交通系统的支持下，越来越多的农民在乡村居住、在县城工业园就业，子女在县城学校上学。同时，也有越来越多的农民在县城居住，但在农忙时期或父母有需要时回村，这样既能够照顾父母，也能够带农产品到县城以降低生活成本，两头兼顾成为可能。概言之，公共交通体系成为实现城乡融合的重要助推器。

三　城乡融合的宜丰经验

宜丰县公共交通体系的建设为城乡融合提供了重要经验。当前，中国正处于城市化的进程中，农民逐渐走出乡村向城市挺进。然而，这一过程将是漫长的。对农民而言，他们只能采取渐进的城市化策略，这就决定了中国城乡关系的复杂性。这一复杂性表现在：一方面，乡村对农民而言仍然非常重要，是农民各类基本权利得以保障的关键，农民生产生活的诸多面向仍然需要依赖乡村；另一方面，城市的吸纳能力开始逐渐体现，农民不得不被卷入城市经济与发展体系中，并在城市体系中谋求发展。从农民的角度看，城市和乡村构成了矛盾体，城市是农民家庭获得发展的关键，但需要更高的生活成本；乡村是社会保障与低成本生活的基础，但越来越无法满足农民基本的城市化需求。

因此，以农民为主体的城乡融合，在于如何使农民既具有乡村社会的保障，又能够兼顾在城市的发展。这是提高农民的经济社会地位的重要基础，也是给予农民城市化缓冲空间的关键。宜丰经验的重要意义在于完善的乡村公共交通体系的建设使城乡融合成为可能。

从地域空间上看，城市与乡村都具有不可移动性的特征，城乡分化是经济分化与要素聚集程度差异的产物。这就决定了在同一地域空间内，城市与乡村的功能难以在同一空间实现交融。事实上，即使国家投入大量的公共资源提高乡村的城市化水平，但在基础经济结构的限制下，这一努力的作用仍然是有限的。乡村是难以真正承担起城市功能的，城市也无法满足农民的养老、生产、居住等多个方面的需求。因此，在承认城乡之间客观存在空间分离与功能分化的前提下，乡村公共交通体系通过增加交通的覆盖程度，打通城乡之间的多级交通体系，缩短了农民在城乡之间流动的时间与经济成本。这意味着，虽然城市与乡村仍然在空间上相分离，农民却能够依靠公共交通系统同时享有城市与乡村带来的好处，满足其家庭的发展型需求与保障性需求。

这就为城乡融合与乡村振兴提供了新的思路。在国家长期的公共资源投入下，当前乡村的基础设施已经相对完善，在很大程度上满足了农民生产与生活的需求。但是，随着农民对家庭发展的不断重视，他们对城乡一体化的公共服务与公共物品的诉求越来越强烈，这些诉求一般来说都难以在村一级得到满足。原因在于，村一级的人口数量相对有限，尤其是人口空心化现状进一步使村庄丧失了公共物品的供给效率。因此，新的乡村发展的思路不是要将乡村建设为城市，而在于不断强化乡村与城市之间的关联，使农民在享有乡村各类保障性福利的同时，能够便利地、低成本地享有城市的公共品。农民享受城市服务不仅仅是制度开放的问题，更在于新的城乡空间结构的再造，即更为紧密、更为便利、更为人性化的空间结构的形成。可以说，完整的公共交通体系正是这一空间结构得以重塑的基础。事实上，交通体系塑造了牢固的城乡互动体系，即在城乡的联动中实现城乡融合。

需要进一步说明的是，宜丰县的这一经验是具有重要推广意义的，通过乡村公共交通的建设实现城乡融合具有深厚的现实背景。在当前的背景下，县域城市化的建设与推进，在客观上使城乡距离缩短，为农民获得城市的经济、社会条件提供了基础，城乡之间的割裂状态相对弱化；另一方面，国家在乡村道路交通领域投入的大量公共资源，使我国的乡村社会具备优质的路网条件。因此，当前乡村公共交通体系的建设意义就在于能够进一步建立起有效的运输体系，使乡村道路得到活化，使其真正服务于农民的城乡融合需求，进而助力于乡村振兴。

第九章　绿色休闲：全民共享的休闲体育

党的十九大报告提出，“广泛开展全民健身活动，加快推进体育强国建设”，2018 年政府工作报告将“多渠道增加全民健身场所和设施”列入“提高保障和改善民生水平”的要求之中，并在具体的政府工作中展开部署。为了倡导绿色、低碳、健康的生活方式，宜丰县发起全民参与体育健身活动，形成了“资源撬动自治”模式，即社团协会自组织 + 政府注入小额资金的模式。宜丰县的经验表明，开展全民健身活动是生态文明建设的重要举措。在社会转型背景下，人们闲暇增多且休闲方式发生了转变，政府可以用全民健身的方式引领新生活运动。

一　现代社会闲暇增多和休闲方式转型

全民健身是指男女老少通过体育锻炼，增强力量、耐力和身体协调性，以保证身体强健。全民健身旨在全面提高国民体质和健康水平，是政府改善民生和促进社会进步的一项重要任务。宜丰县高度重视体育事业发展，加快体育产业化进程，提升体育综合竞争力。宜丰县计划到 2020 年，全县人民体质主要指标超过全国平均水平；全县各社区、乡镇、行政村体育组织实现全覆盖，人均体育场地面积超过 1. 70 平方米；全县拥有社会体育指导员人数超过600名；全县中小学学生中，按国家体育锻炼标准，达标率超过93%；全县经常参加体育锻炼的人口达到48%。

宜丰县的全民健身和体育事业发展，建立在社会转型背景下农民闲暇时间增多和休闲方式转变的基础上。具体体现在以下几个方面。

其一，农村公共闲暇到城市个体化闲暇的转变。在农业生产时期，以村庄为单位的生产生活共同体为妇女、老人等构建了公共闲暇，比如妇女聚在一起织毛衣、到某户家中串门子聊天或者相约饭后散步等。因此，村庄公共闲暇活动具有生活性、交往性和社会性等特点，是村庄熟人关系的纽带，是村庄生活体系和公共文化的组成部分。在村庄，谁家有了什么事情大家会很快知道，如婆媳矛盾，村庄的社会性规范等产生于公共闲暇活动。然而，在城镇化进程中，传统的以村庄为单位的生产生活共同体逐渐解体，农民的生产方式和社会关系趋于个体化，农村的公共闲暇向城市的个体化闲暇转变。因此，公园、广场等公共场所就显得非常重要，在公共场所组织闲暇活动是政府公共服务所要承担的责任。

其二，闲暇时间增多和锻炼意识增强。在农业生产时期，劳动是最好的闲暇，农业劳作和农闲休息互相穿插，农民在紧凑的生活节奏中找到生活的意义。此时，闲暇的意义不在于闲暇本身，而在于其服务于劳动价值的创造，闲暇可以创造劳动的意义并为下一次劳动积蓄能量。然而，在城镇化背景下，农民的生产生活方式发生转型，最突出的表现就是劳动力充分进入市场，以获得稳定的收入顺利实现城镇化，固定的上下班时间将农民的闲暇时间确定下来，所以显得闲暇多了起来，妇女在下班之后多会聚在一起跳跳广场舞。与此同时，农民锻炼身体的意识也在增强。以往农业劳作本身就是重体力劳动，农民不需要专门进行锻炼，因此锻炼身体的意识较弱，而现在生产劳动所能提供的锻炼身体的机会有限，且农民生活水平普遍提高，都有较强烈的体育健身的需要。在宜丰县，有多种多样的广场舞队伍，如老年女性的秧歌队、老年男性的太极队或武术队、年轻女性的体操队或现代舞队等。

其三，体育健身活动的性质和功能发生转变。以往，体育主要是指学校课程或竞技体育，与普通群众的生活关系不大，然而随着生活方式转型，体育锻炼成为农民重要的闲暇方式和集体交往方式。一方面，体育健身活动是一种生活方式。对于大部分广场舞队员而言，跳广场舞不仅具有锻炼身体的意义，更是一种生活方式，他们通过劳动和闲暇互相调节来保持自己的生活节奏。另一方面，体育健身活动是一种集体交往方式。在生产关系个体化背景下，农民只有走出家门参与体育健身活动，才能有集体交往和公共生活，因此公园、广场等公共场所实质上重构了集体生活。

在城镇化背景下，大量的进城农民实现了生产生活方式转型，随之而来的是农民生活秩序和休闲方式重构的问题。宜丰县开展全民参与体育健身活动，形成了“资源撬动自治”模式，即通过社团协会自组织+政府注入小额资金来构建全民健身体育服务体系，以建立现代化的公共休闲体系，实现政府引领下的新文明休闲。

二　“资源撬动自治”模式下的全民健身运动

在“资源撬动自治”模式中，宜丰县主要投入财政资源和组织资源来开展全民健身活动，其中财政资源主要投入在体育设施、公共场所等基础设施建设上，而具体的活动经费所占比例较低。组织资源主要是指政府通过建立健全全民健身服务体系、培养社会体育指导员、小额经费扶持的各类型体育协会等，来强化体育社团的自组织能力。因此，在全民健身活动中，政府主要承担基础设施建设任务和发挥组织引领的作用，对各种类型的体育社团而言，则是以社团协会自组织+政府注入小额资金的方式，来保证社团发展的可持续性和多元化。

宜丰县以全民健身的方式引领新生活运动、构建新文明休闲，其具体的做法与经验有以下几点。

（一）加快全民健身体育设施建设，提供便利的公共场所

加大全民健身的体育设施和公共广场建设力度，让居民拥有较为便利和宽敞的健身场所，是开展全民健身的基础，是政府撬动社会自治的前提，是政府、社会和民众共同参与全民体育健身工程的保障。宜丰县的全民健身体育设施建设主要体现在三个方面。

其一，县、乡镇政府结合城镇化发展统筹规划体育设施建设。为了建成与全县经济社会发展水平相适应的体育公共基础设施，宜丰县实行城乡一体化体育公共品统筹供给，在县城及中心集镇重点建设了一批便民利民的中小型体育场馆、公众健身活动中心、户外多功能球场、健身步道等，满足群众的多元化健身需求。同时，宜丰县坚持面向基层，将乡村地区的体育设施建设提高层次，目前全县各社区、乡镇（场）、行政村都建有健身场所，人均体育场地面积超过1.70平方米。

其二，大力推进全民健身公共服务网络建设。一方面，健全和完善“全民健身工程”的申报和管理，加快宜丰县城南

新区文体中心等的建设，加强宜丰县体育馆管理、维护工作，提高其利用率。另一方面，推动场馆设施开放利用。积极推动各级各类公共体育设施免费或低收费开放，推进机关、企事业单位、学校等的体育设施向社会开放。

其三，合理规划和布局土地使用，保障体育设施建设用地。宜丰县将体育设施用地纳入城乡规划、土地利用总体规划和年度用地计划，合理安排体育设施的用地。同时，宜丰县加强对体育设施建设项目的管理，县、乡镇（场）各级政府按照公共体育设施用地定额指标的规定，合理布局体育设施，以确保体育设施项目建设顺利开展。

目前，宜丰县的全民健身体育设施完备，建立了便利的公共休闲和体育场所，既包括高标准、专业化的功能性场地，也包括开放程度高、参与度广泛的公园和广场，能够充分满足群众多元化的体育健身需求，为城乡居民构建新的生活方式和运动方式提供了条件。而且，全县体育设施的利用率较高，每天晚上县城的公共场所几乎全部被广场舞队伍占用，每支队伍都有相对固定的“地盘”和人员。地方政府以社区和社团为半径，为广场舞队伍划分区域，做好公共空间秩序的协调与管理，使不同健身队伍之间以及广场舞与居民生活之间可能存在的空间争端得以化解。

案例 9－1：宜丰县公共体育设施和场所的基本情况简介

1. 宜丰县体育馆

宜丰县体育馆于 1995 年 11 月由县政府投资 1289 万元兴建，1997 年 6 月交付使用。体育馆占地面积 9333.25 平方米，建筑面积 5327.63 平方米，场地面积 1166.8 平方米，为钢混和网架结构，配有较先进的音响、电子计时计分显示屏和其他附属设施，有固定席位3086个，是政府投资兴建的丙类大型体育馆。常年面向群众免费低收费开放，开放项目主要有：篮球、羽毛球、乒乓球、散打、跆拳道、气排球、广场舞、太极拳、体能训练。

2. 南屏翰峰文化园

宜丰县南屏翰峰文化园于2019年升级改造完成，在其中建成门球场4个（其中风雨球场2个），网球场1个，羽毛球场2个，健身路径1条（含12件健身器材），儿童拓展游乐场1个，体育设施及场所面积约为1万平方米。

3. 虎形背公园

2016年8月，老年活动中心在虎形背公园建成一片门球场，面向公众开放。

4. 渊明自行车绿道

2016年宜丰县建成一条全长10.64公里的渊明自行车道，总投资约为1500万元，是宜丰县第一条全民健身自行车道。此条自行车绿道起于南屏翰峰文化园，终于光华水库入口，为当地群众提供了理想的户外骑行线路。宜丰县后续又在其他干道建设健身自行车道。

5. 福隆花苑社区运动场

2016年，宜丰县在福隆花苑小区建成一个多功能运动场，此项目为省级体彩公益金支持的全民健身工程，省里下拨66万元资金，总投资约80万元。

6. 新昌公园

2016年宜丰县建成一条长1.6公里的健身步道，经过多年的升级改造，新昌公园已成为群众休闲健身的好去处。

（二）加大全民健身组织网络建设，构建完善的服务体系

1. 建立健全全民健身服务体系

以增强人民体质，提高全民素质和生活质量为目标，宜丰县将构建全民体育健身服务体系视为一项基本公共服务，以着力提升体育公共服务能力，宜丰县甚至将全民健身体育项目及群众参与度，作为地方政府政务考核的重要指标。《宜丰县体育事业发展“十三五”规划》规定，“县、乡镇（场）人民政府要把提高全民身体素质摆在重要位置，将全民健身工作纳入社会发展总体规划，纳入政府工作报告，加强政策引导和组织协调，并将其列为工作目标管理考核内容”。同时，宜丰县成立了全民健身计划领导小组，由分管副县长任领导小组组长，县体育局局长、县政府办副主任任领导小组副组长，同时将文明办、县机关工委、民宗局、发改委、财政局、公安局、教育局、老龄办等20个单位纳入成员单位。此外，县委、县政府高度重视老年体育协会的发展，将老年体育工作列入党政重要议事日程和全年工作目标进行考核，并且多次听取老年体育工作情况汇报，专门研究和解决老年体育工作中的实际问题和困难。

> 案例9－2：各乡镇（场）和县直各单位的党政领导主动作为，支持老年体育工作，党委（组）书记直接担任单位老年体协名誉主席，安排分管领导主持工作。新昌、芳溪、黄岗、棠浦、澄塘、潭山、同安等乡镇（场）党委年初都以党政文件下发老年体育工作要点，党政主要领导专门听取老年体育工作汇报和研究老年体育工作，解决老年体育工作中的实际问题和困难，将老年体育工作列

入党政全年工作目标考核内容。如，新昌、石市、车上、双峰等乡镇（场）的老年体育工作被列入了党政年度工作千分制考评，分值高达20分。花桥乡党委政府在此基础上，每年听取老年体育工作汇报4次以上，解决老年体育工作中的实际问题多个，以近百万元的大投入支持乡老年体协搞好场所设施建设。县公安局局长郑斌每次听取老年体育工作汇报时，都要认真记录，每年安排15个先进个人指标到局老年体协，参与局年终工作总结表彰，这些支持举措有力地促进了老年体育工作的开展。

——《宜丰县第七届老年健身体育运动会召开情况》节选

宜丰县通过政府引导、社会参与的方式，建立全民健身服务体系，即以政府组织体系为载体，发挥各部门、各单位在全民健身组织网络中的牵头作用，带动社会体育组织的建设。其具体体现在三个方面：一是建立健全各种类型的体育协会组织，全县所有的社区、乡镇（场）、行政村都要建立体育组织，在体育行政部门的指导下组织开展全民健身活动。二是以每年8月8日“全国全民健身日”活动为契机，组织开展经常性的“体育进社区”“体育下乡”活动，广泛开展职工体育、老年体育、学校体育、残疾人体育和农村体育活动。三是加强与工、青、妇等部门联系，充分利用双休日和法定节假日因地制宜地开展丰富多彩、小型多样的体育比赛和活动。在“资源撬动自治”的模式中，政府需要发挥较强的组织动员作用，形成“政府搭台、全民唱戏”的体育服务能力，才能建立起完善的便民、利民的健身服务体系，营造全民健身的社会氛围。

2. 完善以老年人体育协会为核心的组织平台

宜丰县体育总局下有24个体育社会组织，涉及乒乓球、羽毛球、篮球、足球、骑行、太极拳等多个体育项目，参与人群包括老年人、青少年、妇女等各类群体。其中，老年人体育协会（又称“老年体协”）是群众参与度最广、组织化程度最高的社团，由退休的县领导担任负责人，其固定成员主要是县乡镇（场）各单位的退休人员，面向全县的老年群体开展体育活动。宜丰县老年人体育协会建立了县、乡、村三级组织体系，县直各单位和各乡镇（场）成立单位老年体协，并由党委（组）书记直接担任单位老年体协名誉主席，各个村成立老年人体育协会，并建设“幸福食堂”为老年人配备休闲活动场所。宜丰县的老年人体育协会，实现县乡村层级联动，在全县范围内推广老年人体育事业，一方面，通过老年人体育协会建立全面的组织体系，带动了体育事业发展，另一方面，通过老年体育活动动员全县的老年人进行体育锻炼，在保持老年人健康的同时，丰富老年群体的精神文化生活。

宜丰县的老年人体育协会将各层级、各单位的退休职工组织起来，带动全县范围的老年体育健身事业的发展。各单位的公职退休人员，组织化程度较高且具有较高的文化水平及学习能力，他们大都兴趣、爱好广泛，是体育社团的中坚力量，能够在体育社会组织中发挥重要作用。因此，在宜丰县老年人体育协会中，退休公职人员在全民健身体育事业中发挥着重要的组织作用，是半正式、非制度化的社会治理资源，可通过他们较好地提升政府的体育服务水平。并且，对这部分群体而言，从事老年体育事业仅仅是一种生活方式，而非工作或政治任务，不会给其老年生活带来负担。

2019年，宜丰县举办第七届老年健身体育运动会，共有上千名老人参加，主要是县直各单位和各乡镇（场）老年体协的成员、体育社团的老年人以及企业退休职工等。运动会期间，宜丰县共举办了各类门球赛事 32 场，举办各类拳、剑、舞、球、操、气功等交流展示活动 36 场，举办棋牌比赛 22 场，举办钓鱼比赛 18 场，举办球类比赛 20 场，举办各种规模的老年运动会 13 场，举办各种小型赛事 60 多场，全县各类赛事开展得如火如荼。宜丰县参加上级组织的各类老年健身体育比赛捷报频传，如，参加全市老年体协门球赛荣获优胜奖（第四名），参加全市老年体协钓鱼赛，夺得团体优胜奖（第三名）和单尾重量奖（第二名）。此外，宜丰县选拔的健身球操队代表宜春市老年体协，参加在上饶举办的江西省第八届老年人健身体育运动会健身球操比赛，获得江西省第八届老年人健身体育运动会优秀组织奖、规定套路和自选套路两个优胜奖及一个体育道德风尚奖。

宜丰县的老年体育运动，不仅增强了老年人的体质，也提升了老年群体的生活和生命质量，是生态文明建设的重要举措。宜丰县 80 岁以上的健康老年人不断增加（达 7000 人），占全县 50047 名老年人总数的 14%，比 5 年前的 12% 提高了 2 个百分点。天宝乡百岁老人占全县百岁老人总数的 40%。

在县域社会中，老年人是数量最多的休闲群体，这部分群体即使还有照顾其他家庭成员的责任，但日常照料工作一般也不会占满其所有的时间，因此对他们而言，如何度过闲暇时间是一个比较重要的问题。宜丰县老年人体育协会的经验在于，通过政府引导 + 社会参与的方式，将老年人组织起来，使得老年人的生活稳定下来，进而形塑出内生性的社区活力，实现老人公共文化产品的自我供给。

3. 发展壮大社会体育骨干队伍

为了开展全民健身活动、发展全民健康事业，宜丰县广泛地动员退休的老干部、老教师以及大量的业余体育爱好者担任“社会体育指导员”，广泛传播和传授与居民生产生活相适应的体育运动。宜丰县成立社会体育指导员协会，目前共有600多名社会体育指导员，他们主要是已退休人员以及各类体育活动的业余爱好者，其以自主报名的方式向宜丰县体育总会提出申请，已成为一股发展全县体育事业的重要社会力量。

全民参与体育健身活动，以社会体育指导员为中间纽带，构建政府引导和社会自治之间的联结机制。2019年9月份和10月份，宜丰县举办社会体育指导员培训班，邀请省级体育专家、江西师范大学体育学院教师等，培训社会体育指导员和中小学体育教师共300多人。社会体育指导员大多是全县体育社团的组织者和指导者，他们本身具备较强的业务能力，是社会体育活动中的积极分子，积极报名担任社会体育指导员是为了获得更专业的指导与培训，因此社会体育指导员并非政府再造的主体，而是宜丰县体育事业中的内生力量和精英群体，在政府培训与社会组织内生需求相结合的过程中，充当了业务指导、活动推广以及社会体育组织正规化的媒介。

宜丰县针对社会体育指导员的培训，涉及广场舞、气球、排球、武术和气功等体育项目，其中较为热门的项目是群众需求比较广泛、具有一定社会推广空间的活动，而较为冷门的项目则是专业性较强、相关人才欠缺的活动，这两种类型的活动都具有一定的负外部性，需要政府承担成本，政府作为公共平台连接资源的能力较强，可出面邀请省里的专家和高校的老师来指导，这是单一社会团体所无法做到的。政府组织的多元化培训，增加了各类体育活动的专业性和规范性，使得各种类型的社会体育组织朝正规化和规模化的方向发展，保证了社会体育活动和群众体育爱好的多元性，以及县域全民参与健身事业的整体性，是政府引领新生活运动、构建新休闲文明的实践方式。

此外，政府对社会体育指导员的管理与培训成本较低。由于社会体育指导员的活动热情、社会组织的内生需求以及政府规范化的引导与培训三者高度契合，政府进行组织动员的成本较低，且不需要对社会体育指导员进行经济激励。在政府的支持下，社会体育指导员可以进行职业资格认证，其中职业型的社会体育指导员由国家体育总局人力资源管理中心认证，公益类社会体育指导员由国家体育总局社会体育指导中心认证，宜丰县有很多国家一级和二级社会体育指导员，且具有二级资格的满三年后可以晋升一级，这为社会体育指导员提供了较强的职业激励和价值激励。此外，宜丰县共有 24 个体育社团，政府每年在每个社团中评选出一名优秀社会体育指导员，奖励其一套服装。

（三）加大对全民健身社团组织的扶持，满足多元化的健身需求

在“资源撬动自治”模式下，宜丰县除了加快全民健身体育设施建设以保证体育活动的公共场所、加大全民健身组织网络建设以提升社团协会的自组织能力，还加大对全民健身社团组织的扶持，通过注入小额度的活动经费到各类社团与协会自组织，提高各类体育、舞蹈团体的积极性与可持续性，从而使多样化的体育、舞蹈团体能够满足群众多元化的健身需求。

本地化精英网络支撑下的公共文化产品自我供给。宜丰县传统的仪式和伦理秩序保持得较为完整，文化氛围浓厚，具有较多的文化精英，社会团体、体育协会等自组织能力较强，具备开展全民参与体育健身的社会基础。政府引导下的多元化体育社团组织发展，与当地的文化基础和群众需求相契合，政府在其中扮演的角色和发挥的功能，主要是对社会自组织进行支持、引导和规范，特别是对当地化文化精英的引导，比如老年人体育协会成员、社会体育指导员等，其是体育社会团体重要的组织力量，更是新生活运动和文明休闲方式的重要推广者。

在社会自组织能力较强的地方，政府对社会体育组织的介入程度，以维持活力和内生秩序为导向。宜丰县通过适度的资源输入，在保证社会自组织的可持续性的同时，能够维持其内生活力。在当地，体育社团的日常运营经费由群众自筹实现，比如广场舞队员只需要交 10～20 元会费以筹资购买音响、服装等设备，而举办比赛则由政府注入小额度活动经费，以保证体育社会组织的普惠性和多元化发展。“只要办比赛政府就给钱”，极大地激发了各类体育社会组织开展活动的积极性，而且社会组织的活动成本大都不高，小型活动只需要一两千元，一般性的活动需要三五万元，只有少数大型规模的活动才需要几十万元。宜丰县的全民健身活动经费主要来源于体育彩票收入，其体育彩票全年收入为 150 万元，其中全民健身活动经费 60 万元。地方政府以“取之于民、用之于民”的方式，将体育彩票收入用于各类体育社会团体开展活动，以全民健身的方式引领新生活运动和新休闲方式。

三 构建全民共享新文明生活的宜丰经验

政府引领和组织全民健身运动是宜丰县构建新文明生活方式的重要经验。在城镇化进程中，农民的生产生活方式发生转型，从传统的乡村公共闲暇向城市现代化个体性闲暇转变，因此需要再造社区公共空间来满足居民的休闲和运动需求。一方面，政府要加大财政资源投入，完善公园、广场等体育基础设施建设，为居民提供体育锻炼的公共场所。公园、广场等物理性公共空间，连接了居民封闭性的私人空间和城市社区开放性的公共空间，让居民在闲暇时有个消遣、锻炼的场所，所以公园、绿道等社区公共空间相当重要。另一方面，政府在建设公共活动场所的同时，还要将居民的闲暇生活组织起来，通过支持、引导和规范各种类型的体育社会组织发展壮大县域内的体育事业，发起全民体育健身运动。因此，再造社区公共空间不仅是再造物理性空间，更重要的是再造精神空间，通过丰富的社会体育活动将居民的闲暇生活组织起来，建立居民新的生活方式和闲暇方式。在现代社会闲暇需求增多、闲暇方式转型的基础上，社区公共空间如果没有被积极、有意义的活动占领，就有可能产生消极的休闲方式。宜丰县的经验在于，通过基础设施建设和组织引领来开展全民健身运动，这既保证了体育基础设施和公共场所等物理性空间的建设，也实现了居民闲暇生活的组织和休闲文明的引领，创建了社区公共空间再造下的现代化公共休闲体系。

在开展全民参与体育健身活动中，宜丰县通过“资源撬动自治”模式，即“社团协会自组织+政府注入小额资金”的模式，来构建全民健身体育服务体系，实现了政府引领下的新文明休闲。宜丰县经验的亮点在于，充分提高了体育社团协会的自组织能力和内生积极性。首先，地方政府依托行政组织体系建立全民健身组织网络和体育服务体系，发挥各职能部门、各乡镇（场）的组织动员优势，以实现对全民健身运动的支持和引导，使得全民健身运动具备广泛的组织平台。其次，地方政府广泛动员退休干部、退休教师以及体育运动爱好者等担任社会体育指导员，将其培养为体育休闲活动和全民健身运动的引领者与传播者，以营造全民健身的社会氛围。最后，在不产生外部依赖的前提下，政府通过小额资金注入来保证体育社会组织发展的可持续性、多元性和自主性。因此，宜丰县在开展全民参与体育健身活动中，充分调动了体育社会团体内生动力，重视对社会体育指导员、老年人体育协会等本地化文化精英网络的规范，通过强化中间群体的组织、引领作用，来保证全民参与体育健身事业的发展，以及多元化体育社会组织的积极性和自主性。

在生态文明建设的总要求下，宜丰县经验具有可借鉴意义。社会转型最终体现为农民家庭的转型，特别是农民生活秩序和休闲方式的重建，因此新生活运动、新文明休闲并非抽象的伦理，我们要将其落实到具体的生活实践和政策实践之中去。宜丰县开展全民参与体育健身运动，构建现代化的公共休闲体系，是生态文明建设的重要组成部分。搞好农民生活方式转型的文明建设，不能采取行政考核等硬治理方式，必须要深入农民的生活层面，以软治理的方式来实现，宜丰县正是在此基础上充分发挥了组织引领作用。

第十章　绿色养老：多元养老模式全覆盖

乡村养老是生态文明建设的重要内容。随着乡村社会逐渐步入老龄化社会，如何为老年人提供优质的养老服务，缓解农民家庭的城市化压力，成为当前乡村社会的突出问题。基于传统的文化底色，宜丰县一直以来都保持了较好的尊老与养老的社会传统，当前为了满足农民日益强烈的养老需求，地方社会内生出多种社会养老模式，形成了乡村养老全覆盖的良好养老秩序。宜丰县的经验为乡村建立绿色养老体系、推动生态文明建设提供了重要经验。

一　老龄化社会与社会养老需求的产生

2019 年末，我国 60 岁以上人口达到 24949 万人，占全国总人口的 17.9%，逐步步入老龄化社会。显然，随着老龄人口的增多，养老将逐渐成为显著的社会问题，并对养老体系建设提出更高要求。宜丰县的人口老龄化问题具有典型性。2019 年，宜丰县人口共计 299800 人，老龄化率达到 17.5%。其中，60 岁以上的老年人为 52600 人，70 岁以上的达到 19212 人，80 岁以上的为 5869 人，90 岁与 100 岁以上的分别为 769 人与 10 人。这些老年人的养老构成了重要的家庭与社会问题。

在大规模城市化兴起之前，乡村社会养老主要采取家庭养老的模式，即由子女家庭承担老年人的赡养责任，并通常采取老年人在多子女间轮养模式，或是在单个子女家居住，其余子女分摊养老费用的模式。老年人在能自理的时候，子女一般会不定期地看望与照料他们，保障老年人正常的生活。随着城市化进程的加快，乡村社会的就业机会相对缩减，农民为了家庭发展不得不开始外出打工寻求就业机会。宜丰县在20世纪90年代中后期就形成了农民规模化出省打工的趋势。这导致了大量空巢老人的产生，又致使家庭养老功能的弱化。

农民的城市化具有不可逆性。为了实现家庭再生产与家庭发展，农民高度依赖城市经济体系提供的打工机会。无论是为了提高子代的受教育质量，在激烈的婚姻市场中完成子代结婚的任务，还是集全家之力在县城购房完成城市化，这些家庭目标的实现都依赖家庭主要劳动力高度投入市场经济中，实现劳动力价值的最大化。与之相对的是，一旦要自己照料老年人，家庭中的部分劳动力就必须返乡。返乡劳动力通常能够通过从事农业生产、打零工等获得一定的收入，但相比在城市打工，收入十分有限，会对家庭的有效财富积累与刚性目标的实现带来较大负面影响。这一问题对农民家庭来说是十分现实的，宜丰县农民就有“一个老年人拖垮一个家庭”“一个老年人倒下了，一个家庭也倒下了”的说法。可以说，在巨大的城市化压力下，农民家庭的发展压力与养老责任存在不可回避的冲突与张力。

在一些家庭伦理相对较弱的地区，家庭的强发展压力通常会不断消解代际的养老责任，并引发乡村的养老危机。宜丰县的特殊性在于，由于其属于宗族文化保存较为完整的地区，传统价值底色的存在使当地仍然保持了较强的家庭伦理色彩。养老不仅被普遍视为子代的绝对责任，更是重要的社会规范与道德。任何一个家庭一旦出现不养老的情况就会受到社会的普遍谴责，宗族内较有权威的老人、近的亲戚都会出面敦促子代履行养老义务。因此，即使当地老年人不堪疾病痛苦或是不想给子代“添麻烦”而不让人出面协调，子女也会遭到强烈的道德谴责，并在村落与宗族内丢面子，被视为“基本做人道理都不会”的人。

在强有力的家庭道德伦理约束下，给父母养老成为当地农民的一件人生大事，老年人需要安顿好老年生活，子代需要履行养老义务。从这一角度看，农民同时面临强家庭压力与强养老责任。正是在这一张力下，当地农民有强烈的社会化养老需求，并愿意承担社会化养老带来的成本。可以说，社会化养老是农民协调家庭发展与家庭责任的重要途径。最能体现这一点的是，当地子女无法直接履行养老义务而做出将父母送去养老院的决定时，其必须得到社会认可，否则他们很有可能被社会舆论认为“不孝敬老人”。老人对养老方式的选择在当地是一个慎重的家庭决定。同时，即使老人被送进养老院，子女返乡时，仍然会将老人接回家中照料，让老人与家庭团聚。

案例10－1：棠浦镇的一名乡镇干部，其父亲在三年前患了阿尔茨海默病，生活无法自理，需要子女照料。这名干部有两个兄弟，一开始，几兄弟协商后决定采取家庭轮流照料父亲的方式。但是，由于父亲阿尔茨海默病比较严重，尤其是夜晚经常醒来闹事，几兄弟照料了父亲一年后，实在难以兼顾照顾父亲和好好上班。这名干部在一年里因为两头奔波太过辛苦，瘦了30斤。三兄弟经过慎重考虑后决定将父亲送到养老院，为了得到社会认可，三兄弟请舅舅到家里住了6天，查看父亲的情况。最后，在舅舅的同意下，这名干部才将父亲送到专业的养老机构进行照料。三兄弟共同出钱负担养老费用，节假日时则将父亲接回家一起过节。

宜丰县密集的社会养老机构就在这一背景下涌现。可以说，正是当地强烈的养老需求与家庭养老功能的弱化，为社会养老机构的发育提供了空间。同时，地方政府的积极引导也是当地能够建立相对完善的养老体系的重要原因。

二　多元养老模式与养老全覆盖格局

当前，宜丰县已经形成了相当多元的社会养老模式，能够基本满足从家庭中溢出的养老需求，实现养老的全覆盖。总体而言，宜丰县的社会养老模式有四种基本类型，即福利机构的保障型养老模式、下乡资本供给的商业养老模式、家庭经营的低端市场养老模式、集体推动的社区互助养老模式。以下分别介绍这几种社会养老模式的基本情况与特征，阐述该县的总体养老格局。

（一）福利机构的保障型养老模式

敬老院与福利院是我国福利制度的重要组成部分，主要服务于没有子女的农村“五保户”与城镇“三无”老年人。2019年，宜丰县共有农村“五保户”2677人、城镇“三无”老年人624人、重点老年优抚对象1471人。这些老年人的养老需求一般由敬老院与福利院满足。

宜丰县目前共有福利院（县福利中心）1所，设有床位100

张；乡镇敬老院15所，共有床位830张，基本可以满足特殊老年人的需求。近年来，为了改善福利院的基础条件，宜丰县先后投入3000多万元，通过新建、改建、扩建的方式，建设了医疗室、健身室等服务设施，使县社会福利中心、福利院、光荣院的住房条件大为改善。同时，重点改建了芳溪、双峰林场、同安、澄塘、天宝这5所乡镇（场）的敬老院，也为其他敬老院安装了太阳能热水器，为老年人新添了床上用品和基本的日常生活用品。

表10－1　宜丰县福利院与敬老院的基本情况

单位：张，人

	床位数	入住人数	护理人员		床位数	入住人数	护理人员
宜丰县社会福利院	100	30	3	潭山镇敬老院	96	60	6
新昌镇敬老院	50	22	2	桥西乡敬老院	60	36	4
澄塘镇敬老院	60	30	3	车上林场敬老院	33	22	3
棠浦镇敬老院	55	43	3	芳溪镇敬老院	85	43	6
新庄镇敬老院	76	61	4	石市镇敬老院	85	35	2
花桥乡敬老院	30	18	2	双峰林场敬老院	31	28	5
同安乡敬老院	60	28	4	石花尖垦殖场敬老院	20	8	2
天宝乡敬老院	31	29	1	黄岗镇敬老院	60	39	3

依靠福利院良好的基础设施，宜丰县当前集中供养的“五保户”达到539人，在一些设施条件较好的乡镇，集中供养的比例最高可达80%。政府对福利院内老年人的生活进行全方

位的保障。不过，相比其他市场化的社会养老模式，政府福利机构提供的仍然是基础养老保障。福利院的护理人员数量较少，平均每个护理人员需要照料 10 个左右老人，且不少护理员都是福利院内的低龄老人，只能提供基本照料。

（二）下乡资本供给的商业养老模式

乡村的自然环境要远胜于城市，能够为老年人提供休养生息的天然场所，近年来，随着社会养老需求的增多，养老产业也逐渐在乡村兴起。宜丰县森林覆盖率高、生态环境优美，吸引了部分资本下乡进行养老产业的投资。其提供的一般都是较为高端的商业化养老服务，主要利用当地的自然环境，面向的对象则是当地与周边县市的城市老年人。

当前入驻宜丰县的商业养老机构不多，主要是“中华情老年公寓”。“中华情老年公寓”是一家连锁养老机构，集团最早从事房地产开发，后转向康养产业，目前在江西全省运营超过 10000 张养老床位。为了引进该企业，宜丰县政府在土地价格、审批程序、公共基础设施配套上都给予了其一定的优惠政策。2015 年，该集团正式进入宜丰县，预计投入 2 亿元人民币，分三期逐步完成养老公寓的建设，完成后养老公寓占地面积将达到 3 万余平方米，设置床位 1500 张。按照建设规划，老年公寓不仅能够提供普通的起居照料，还将结合康复训练、休闲度假等打造高端休闲康养中心。当前，“中华情老年公寓”的一期建设已经完成，提供的养老床位达到了 260 张，入住老年人 108 人，共有护工 14 人。

大规模的资金投入保证了养老公寓良好的基础设施与看护条件。在住房格局上，所有的房间都被打造为一室一厅或者二室一厅的套间，并配有单独卫浴设施，都是电梯房，方便老年人上下楼。在护理上，不同于非正规的民办养老机构，老年公寓内所有的护理人员都是经过培训的专业护理人员。养老公寓专门聘请了宜丰县医院的退休护士长担任护理长，其余的10多名护理人员也都能够提供专业的护理服务。此外，为了实现真正的医养结合，集团正在着手投资建设一家私人医院，医院邻近养老公寓，能够为居住在养老公寓的老年人提供及时的康复保健、医疗诊治等一系列服务。除此以外，养老公寓还为老年人提供了高端餐厅、KTV、游泳池等休闲娱乐设施，有兴趣爱好的老年人还可以得到书法、音乐等培训。

优良的基础设施与健全的服务，自然使商业化养老的成本相对较高。仍然以“中华情老年公寓”为例，其收费标准按照老人不能自理的程度逐渐提高，一般能自理的老人1700元/月，半自理的老人2550元/月，失能的老人3500/月。在入住的108个老年人中，能自理的老年人占总数的60%，半自理的老人占10%，失能的老人占30%。由于收费标准较高，入住的农村老年人相对较少，大多为城市老年人。在较好的康养条件下，养老公寓不仅能吸引需要特殊照料的老年人，也能吸引大量能够自理，但是希望得到更好康养条件的低龄老年人。

除了“中华情老年公寓”以外，一些私立医院近年来也开始向社会提供养老服务，并提倡“医养结合”的养老理念。宜丰县的仁爱医院现有养老床位35张，入住老年人14人，护理人员4人。该院2020年进一步投资6000万元新建医养结合的养老公寓，增加了140个养老的病房。黄岗山垦殖场养老中心共有养老床位80张，先期入住20人，有护理人员4人。

（三）家庭经营的低端市场养老模式

下乡资本投资的商业化养老公寓主要为收入高的人提供养

老服务，大部分农民都难以承受其高额的费用。为了满足农民低成本的养老需求，宜丰县内生出不少家庭经营的小规模养老机构。这些养老机构的开办主体是当地的居民，他们通常使用自己的住房或是租用其他居民的房屋，将其改造后用于收纳当地需要养老的老年人。不少经营者基于自己照顾父母的需求，同时为了解决就业问题，多招收一些老人，办成小型养老院。其对老年人的照料一般由自己与家庭成员共同负责，并少量雇用护理人员，这些护理人员大多是不专业的。相比大集团投资的商业养老公寓，农民家庭经营的养老院规模很小。不过，在当地强烈的养老需求刺激下，一些家庭经营的养老机构也在政府的推动下规模逐步扩大，当前宜丰县最大的一家家庭经营的养老机构——宜丰阳光托老中心，已经拥有100张床位。

> 案例10－2：宜丰阳光托老中心于2017年成立，在开办之初，是由三户人家为了合作照顾自己的父母而建立的，其主要利用自家的农房。但后来不少周边的老百姓也有养老需求，他们将自家老人送去宜丰阳光托老中心，托老中心就慢慢扩大了规模，在政府的引导下，其发展为一个相对正式的养老机构，现在有100张床位。
>
> 案例10－3：棠浦镇沐溪托老院是由该镇农民创建的，该农民60多岁，担任过村干部，为了增加收入开办了养老院。这一家庭养老院由他自己的房屋改建而成，当前一共收了6名老年人，他们大多是生活不能完全自理的人。对老年人的照料工作主要由这个村民与他的妻子承担，这里还有一名全职护工。

当前，宜丰县正规登记在册的养老机构共有7家，其中在县城的3家，在乡镇（场）的有4家，共能够提供床位375张。

表10－2 家庭经营的低端市场养老机构

单位：张，人

	床位	入住人数	护工
阳光托老院	35	11	2
老年产业协会潭山洑溪金牌托老中心	60	55	7
沐溪托老院	30	19	3
宜丰阳光托老中心	100	81	10
五里村慈孝养老院	50	24	5
潭山镇寸草心老年服务公寓	50	20	2
慈孝颐养院	50	31	3

家庭劳动力与自有住房的利用使家庭经营的养老机构的成本相对较低。这些机构一般都依据老年人的身体状况进行收费，能够自理的老年人交的费用相对较低，养老机构主要负责其餐饮，一个月的费用是800元；完全瘫痪的老人，需要更多的护理服务，每个月的费用在2000元左右；其余老年人根据身体状况，每个月交的费用在800～2000元。总体而言，到这些养老机构的老年人主要是当地农民，当其生活无法完全自理时，一些家庭就会把他们送过去。相比高端商业养老市场，这类低端养老市场更能够满足当地农民的需求；同时，相比完全公益性的敬老院，这些市场化的家庭经营的小规模养老院的条件要相对好一些，费用也是当地农民能够负担的。

不过，由于费用低，这些养老机构配备的护理人员数量也不多，只能够提供一些基础性的护理，保障老人的基本生活。更为重要的是，家庭经营的养老机构基本都是由农民自己的房屋改造而成，空间相对狭小。一般来说，城镇居民办的养老院相比农村居民用自家房屋改建的养老院，空间更小。为了提供尽量多的床位，这些养老院的公共空间十分有限，最多有一个给老年人看电视的场所，老年人基本只能待在自己的房间里。

此外，这些小规模养老机构还存在较大的风险。一是消防，冬季老人喜欢烤火，这增加了火灾发生的风险，容易导致伤亡事故。二是人身意外伤害，老年人身体机能相对较差，比较容易受伤，可能出现摔跤、踏空、磕碰等意外，可能由此引起纠纷。为了避免纠纷，不少养老机构采取的方式是实行封闭式管理，避免老人与外界接触，将老人的活动范围限定在十分狭小的范围内。

（四）集体推动的社区互助养老模式

集体构成了除市场与国家之外重要的养老服务供给主体。在宜丰县，集体供给的社会养老服务主要分为两种模式：一是采取集体办养老院的模式，将老人集中进行供养；二是通过一定的社区公共服务供给，为农民的养老生活提供帮助，实现居家养老。

1. 村办养老院：集体的集中供养模式

在宜丰县，较为典型的集体集中供养老年人的模式是棠浦镇高家村的村办养老院。高家村是棠浦镇的中心村，集体经济实力较强，2017 年通过向上争取资金与自筹资金的方式，耗资 620 多万元，建成了宜丰县首个村办公益性养老院。高家村养老院的规格相对较高，养老院利用村庄的集体土地，总占地面积达到 10 亩，建筑面积 4800 平方米。该养老院的建筑结构为回字形，分上下两层，每层有 30 多个房间。每个房间的格局是一室一卫一厨，配有硬板床、衣柜、桌子和沙发，卫生间安装了抽水马桶，厨房内也为老年人安装了高低橱柜。除了住房以外，高家村的养老院还建设了较多的公共场地，配有一定的健身器材，也配备了老年人看电视、下棋的活动室。

由集体提供的养老服务具有突出的福利性质。高家村所有达到65岁的农民，都可以免费入住养老院，老人只需要交水电费就可以了。老人可以自己在房间做饭，也可以到养老院的食堂吃饭，伙食费每人每个月只需要支付100元，但实际成本为350元，不足的经费由集体垫付。高家村全村共有老年人240人，当前入住养老院的老年人有40多人。村办养老院一般只招收生活能够自理的老年人，因为养老院只有一个管理员和一个炊事员，不聘请护理人员。事实上，这两个工作人员也都是该村的老年人，年龄在70多岁左右，但身体相对健康，村里每个月给他们支付900元左右的工资，他们也在养老院内居住。

此外，为了给不能自理的老年人提供服务，同时提高养老院的利用率，高家村养老院将一部分床位承包给了本村农民开办市场化的养老机构，其属于家庭经营的小规模养老机构，有10张床位。不过，因为与村办养老院结合，在家庭经营的养老机构养老的老年人可以共享集体养老院的公共空间，设施也相对较好。在这一机构中养老的老年人与村办养老院的老年人也大多相互熟识，有一定的交往。

2. “幸福食堂”：公共服务与居家养老模式

集中供养是将有养老需求的老年人集中在村办养老院进行照料，分散供养则是由集体提供基本的公共服务，为分散的老年人居家养老提供服务。2019年，宜丰县开始推动“幸福食堂”建设工作，颁布《关于在全县农村推行“党建+乐龄中心（幸福食堂）”工作的实施方案》，要求各乡镇（场）积极加大以社区为单位的养老公共服务供给力度。

幸福食堂项目由宜丰县委组织部与民政局共同牵头推动，项目的主要内容是为乡村的老年人提供基本的供餐服务与公共活动场所。当前全县投入 160 万元，完成了 72 个幸福食堂的建设，已经投入使用的达到 36 个。这一工作仍然处于推进中，预计到 2020 年底，全县农村幸福食堂的站点将覆盖 70% 以上的村（社区），基本实现在农村的全覆盖，达到为大部分老年人提供公共养老服务的目标。幸福食堂一般以村庄为基本单位，利用村落内原有的学校、祠堂等闲置房屋，在人口相对聚集的地方建食堂。为了提高供餐服务的质量，每个幸福食堂都配备餐桌椅、餐饮用具、冰箱、消毒柜等基本设施。此外，建立老年人活动中心，并为活动中心配备电视，有条件的地方可配置文化娱乐、康复、健身的器材等，满足老年人多方面的健康与养老需求。除了硬件上的建设，一些做得较好的村会根据本村的实际情况建立起幸福食堂管理制度，主要包括炊事员的岗位职责制度，以及财务管理制度。

幸福食堂的财务管理制度，具体内容如下：第一，财务管理人员必须遵守国家法律、法规及村委会财务管理办法，切实履行财务职责，如实反映财务情况，接受审计和村委会监督。第二，按照老年人的生活习惯，提供有营养的食物，在确保老年人身体健康的基础上，认真核算幸福食堂的运营成本。第三，配备兼职的会计和出纳，每天的现金支出凭证要有经办人、证明人和幸福食堂专管人员审批签字后方可报账。第四，餐费收入和其他收入已开出的幸福食堂专用收据，留存联作为入账凭证，并做到核对入账，每十天报账一次。

所有活动中心免费向老年人开放，食堂也具有福利属性。村中凡 70 岁以上的老年人只要登记后就可以在食堂吃饭，在食堂享用三餐每个月只需支付200元伙食费。一般食堂的午餐都会提供两菜一汤，比很多老人自己做的饭菜要好一些，完全能够满足老年人的饮食需求。当前不少幸福食堂已经开始运营，且运行良好。

案例10－4：芳溪镇庙前村辖4个自然村，共有农户165户，618人，耕地面积1500亩，山地面积7000亩，村干部4人，党员22人。庙前村党支部践行“党建＋乐龄中心”理念，于2019年11月1日建立幸福食堂老人中心。目前幸福食堂有专职炊事员1人，食堂管理员1人，就餐老人10多名。其就餐对象为该村年满60周岁、身体健康且具有行动能力的农村独居老人，及需要由独居老人照顾的留守儿童。食堂的收费标准为每人每月200元，要求就餐人员每月5日之前交齐当月餐费。食堂成本不足部分由公益性捐赠补贴。如果老人隔日或若干日不需要就餐须提前一天到食堂管理员处登记，管理员按照实际就餐天数核算费用，余额结转下月。

幸福食堂很好地解决了老年人的日常饮食问题，也为老年人提供了所必需的公共活动空间。一些老人平时自己做饭特别怕浪费，经常做一顿饭吃上几天，既不卫生也不安全，而且老人出于节省，也不会给自己多加蛋类、肉类的菜，很难保证身体所需要的营养。幸福食堂按照每月200元的标准收费，老人及其家人完全可以负担。更重要的是老人怕孤单，一日三餐老人们聚在一起吃吃饭、聊聊天会很开心。尤其是对独居老人来说，定点定时出门吃饭，也可预防生活中发生意外。因为如果出现老人无故不来幸福食堂吃饭，村里就会去老人家中探望，以防止老人在家中出现意外。

大部分村庄都将活动中心与幸福食堂建设于一处，方便老年人活动与就餐。活动中心与幸福食堂让老年人在家居住就能够享受一定的养老服务，并有了可以进行公共活动的空间。更为重要的是，幸福食堂的建设与经营成本较低，具有可持续性。幸福食堂一般由村集体聘用一个身体相对较好的留村老年人，其负责每天买菜、煮饭、洗碗，月工资在1000元左右。老年人每月交纳的200元钱基本能够满足每天买菜的费用，村集体的开支主要是聘用人员的工资，一年在1万元左右。幸福食堂为乡村建立相对普惠型与基础型的养老服务提供了可借鉴的经验。

三　老年人的养老需求与养老模式比较

宜丰县多样化的养老模式为乡村养老服务供给体系的建立提供了重要的经验借鉴。事实上，无论是何种养老模式，只有真正理解养老主体的基本需求，才能够清楚养老模式应采用哪种。

从生命历程看，相比少年与青年，老年是一段独特的生命历程。在这一时期，老年人同时扮演着两个基本的角色，一是作为被照料者的角色，二是作为生活主体的角色。被照料者的角色是由其身体的客观机能所决定的，随着年龄的不断增加，老年人的劳动能力与生活能力逐渐呈下降趋势，并不得不依赖外部的照料来生活。这也是养老需求产生的基本原因。但是，自理能力的相对下降并不意味着老年人作为生活主体角色的消解，他们仍然有强烈的融入社会的需求。这一生活主体的角色在最基本的层次上意味着，老年人仍然有参加各类活动、保持社会交往、保持情感愉悦等一系列的需求。它最朴实的体现就是，老年人必须有事做，只有在做事中，其才能够作为生活者而存在。

生活主体的重要性在于，作为被照料者，老年人通常是被动的，并会在身体机能的逐渐衰弱中直接体验到生命的流逝。但是，作为生活主体，老年人则是主动的，能够体验新的生命历程。更为关键的是，只有作为生活主体的角色被确立、被尊重，老年人才会有真正好的精神状态，才能够真正成为一个体面的、有尊严的老年人。生活主体的角色决定了老年人的精神状态，即“老有所为”，才能够“老有所乐”“老有所养”。对一般农村地区的老年人而言，只要还没有完全不能自理，其对精细化照料就没有强烈的需求。相反，作为生活主体正常生活是老年人有尊严地生活的根本养老需求。从这一角度看，一个良好的养老模式在于能够在保障老年人基本照料需求得到满足的基础上，满足老年人作为生活主体的需求。

要满足老年人作为生活主体的需求，总体而言有两种基本模式。一是形塑养老机构的内部生活空间样态，二是将养老嵌入日常生活的场域中。前一种模式意味着，通过养老机构内部功能与结构的完善化，使老人的各种生活需求能够在这一空间内得到有效满足；后一种模式则意味着，将老年人的照料融入社会生活的场域中，实现养老与日常生活的融合。

综上所述，我们可以重新对当前主要的三种社会化养老模式[①]，即下乡资本供给的商业养老、家庭经营的低端市场养老与集体推动的社区互助养老进行分析。

---

① 福利机构提供的养老服务主要针对特定老年人群体，因此笔者不将其纳入一般老年人的养老需求进行讨论。

表 10－3　三种养老模式的特征

	机构内部设置	机构与社会关联	失能群体聚集度	经济成本
商业养老	生活性较强	关联性弱	较低	高
低端市场养老	生活性弱	关联性弱	高	相对较低
社区互助养老	融入村庄熟人社会的空间与关系		低	低

商业养老是一种典型的通过对内部机构进行有效塑造，推动养老的生活化，在一定程度上构建老年人的生活主体地位。一般来说，为了管理的便利性，减少照料老年人的风险，这些养老机构主要采取封闭式管理方式，机构与社会的关联度相对较弱。但是，商业养老可以通过大量资金的投入，弱化养老场地的空间约束，并建设较多的公共空间与休闲空间。不少高端的康养机构建在风景区，便于为老年人提供相对宽敞的疏解身心的场地。但是，这必然大大增加投资成本，并最终转化为较高的收费标准。同时，商业养老机构中的居住群体通常是城市中经济条件相对较好的老年人，这部分老年人的爱好与闲暇方式通常更为个体化，例如看报、钓鱼、下棋等，社会交往性相对较弱，这些都使得商业养老机构在一定程度上能够实现其养老的生活化。但显然，这是大部分农村老年人难以承担与适应的养老生活。

低端市场养老在三种类型的养老模式中，通常最难以实现养老的生活化，很难维持老年人体面的养老生活。这些养老机构一般也采取封闭式管理，其与日常的生活场域具有较为明显的界限。同时，由于收费不高，这些养老机构缺乏扩展养老空间的能力，内部空间高度拥挤，缺少必要的公共活动场所。较弱的社会风险控制能力进一步增加了这些养老机构对老年人正常活动的限制。这意味着，聚集在这些养老机构的老年人既没有原生性的关系，也缺乏后天建构关系的基本场所与活动载体。更为重要的是，由于仍然要支付一定的养老成本，一般农民只有在父母无法自理时才将其送到这些养老机构，结果是，大部分聚集在养老机构中的群体都是身体较差的同质人群。这导致在相对狭小的空间内大量无法自理的老年人聚集，老人们缺乏基本的社会交流与活动。

以集体为主要组织者的社区互助养老模式则是一种典型的开放式的与熟人社会高度融合的养老模式。由于熟人社会本身形成了一个相对封闭的自己人空间，老年人在空间中的安全感较强，因此集体也较少陷入风险责任的纠纷中。在集中供养的养老模式中，大部分村办养老院采取相对开放的管理模式，老年人可以种部分土地，也可以外出活动。一些采取相对封闭管理的村办养老院，即使开放度较低，也能够依托集体土地制度的优势保证老年人的基本活动空间，由此老年人群体并不脱离乡村的社会关系网络。由于老年人之间相互熟识、了解，他们不需要再付出额外的关系建构成本。重要的是，社区互助养老模式并未将老年人从正常的社会场域中区隔出去，老年人仍然是村庄社会的主体。在一些集中供养的养老机构中，由于村集体提供的养老服务具有公益属性，一些能够自理的老年人也居住其中，这保证了养老群体的多样性与活力，给养老机构老人的生活营造了积极的氛围。

从根本上来说，嵌入熟人社会的养老模式，让老年人不脱离村庄的场域，他们仍然处于自己熟悉的、高度生活化的空间中。正是在这一空间里，老年人在得到照料的同时，作为生活主体的角色始终没有丧失。在集体办的养老机构中生活的老年人的精神面貌一般较好，这与在一些私人养老机构中养老的老年人形成了鲜明对比。

四　宜丰启示：发挥村庄优势建构乡村养老体系

随着我国城市化进程的不断加快，农村人口的外流与城市化也将进一步加速，乡村社会的剩余属性不断凸显。在很大程度上来说，农民的城市化进程是不可逆的，但这并不意味着乡村功能的彻底消解。事实上，在当前人口老龄化加剧的背景下，乡村将逐渐承担部分社会养老责任的重要功能。这不仅在于乡村越来越成为农村老年人的聚集场所，更重要的是，相比其他社会化养老模式，以集体为组织者、以社区为基本依托的社区互助养老模式具有突出的优势，能够真正满足老年人低成本、高福利的养老需求。

总体而言，乡村的互助养老体系的最大优势在于村庄熟人社会。这是老年人能够实现社会融入，保持老年人生活主体角色的基础条件。同时，乡村社会内部存在大量可以整合的公共资源，能够为养老体系的建设提供便利条件。一是组织优势，在国家的长期重视下，我国的村级组织高度完善，村干部人员相对齐全，他们构成了乡村养老的基本组织者，能够将集体内部已有的资源与老年人的需求进行对接。尤其是，服务型政府越来越重视村级组织公共服务者角色的扮演，而公共养老服务是老年农民最大的需求，村级组织必须扮演好养老组织者的角色。二是土地优势，不同于市场化的城市土地，乡村仍然实行土地集体所有制，大部分村庄有一定面积的集体用地与集体房屋，这些都可以无偿使用，能够利用起来有效建设老年人所需的食堂、活动室、养老院等，这是村庄提供养老服务的空间基础。三是公共资源，在乡村振兴的背景下，国家将进一步下沉各类公共服务与公共资源到村庄，这些公共服务与公共资源能够在被合理整合的基础上，服务于乡村养老体系的建构。例如，村级卫生所提供的公共医疗服务完全能够与乡村养老体系相结合。

此外，以村社互助为基础的养老体系建设在一定程度上优化了家庭经营的小规模养老机构的养老环境。宜丰县高家村的案例提供了较好的经验证明。对于一些失能老人，集体提供的互助养老很难满足老年人的照料需求，因为失能老年人通常需要密集的专业护理，而家庭经营的小规模养老机构能够低成本地满足这部分老年人的需求。家庭经营的小规模养老机构单独运营时，很难自主建立老年人与生活体系的连接机制。但是，当它与村庄的互助养老体系结合时，就能够在一定程度上获得低成本的养老空间，使失能老人仍然留在村庄场域，且与正常老年人共处、交往。同时，家庭经营的小规模养老机构在租用集体用房时，也能够带给集体一定的收益，也就分担集体公益性养老的成本。

结论　宜丰生态文明工作经验的启示

党的十八大以来，中央把生态文明建设作为统筹推进“五位一体”总体布局和协调推进“四个全面”战略布局的重要内容，深入开展了污染治理工作，建构了完善的制度体系，强化了监管执法尺度，生态文明理念日益深入人心，生态环境保护发生历史性、转折性、全局性变化。宜丰县作为国家生态文明建设示范县，面临着如何在落实好中央战略部署的同时，统筹县域经济社会发展全局的挑战。应该说，宜丰县探索出了一条“生态统领、全域响应”的新路子。宜丰经验对全国生态文明建设的持续开展具有重要启示意义。

具体而言，对于宜丰县以及大部分中西部地区而言，生态文明建设统领县域发展是一个全新的议题，必然会对原有的县域治理格局产生冲击，需要从理念、体制和机制层面做出调整。

一　生态文明建设统领全域发展

对于宜丰县而言，生态文明建设是县域治理的一个新变量，亦是传统治理结构中的一个外部变量。要将生态文明建设置于首要地位，首先要从治理理念上做出改变，在生态文明与发展、稳定和效率之间建立平衡关系。为此，县级政府需要积极调整生态统领的新治理格局。

（一）统筹生态文明与经济发展

在“环保风暴”之下，企业的生产成本随之增加，这必然会对地方经济发展产生影响，两者之间存在很大的张力。宜丰县在处理环保与企业发展关系时，注重构建环保“硬约束”和企业发展“硬道理”之间的协调关系。这其中，工信局起到了关键作用。

工信局是主管工业的部门，需要完成工业发展的经济指标，是协调生态与发展关系的政策部门。其政策内涵主要包括两点：一是要有换位思维，要站在企业的角度为企业着想，不能简单地采用强制行政手段进行工作；二是要和环保部门多沟通，在本部门的工作和环保工作之间找到“黄金分割点”。

比如，2018 年县工信局牵头对全县 200 多家大小企业进行 100 吨以下燃煤锅炉的改造。按省里要求，需要把煤锅炉改造成燃烧天然气或生物质颗粒燃料的锅炉。但是，一吨标准煤的价格在 600 ~ 700 元，产生的热量为 5000 大卡；一吨生物质颗粒燃料的价格在 700 ~ 800 元，产生的热量为 2500 大卡，企业成本约翻了一番。为了解决企业面临的困难，工信局在和企业、生态环保局反复沟通后，决定允许企业使用法律允许的锯木屑等边角料燃料，还允许企业使用水煤浆制气，如此，既降低了企业的生产成本，又确保了排放达标。

除此之外，宜丰县还积极促成校企合作，引导企业转型升级。2017 年，宜丰县的一家企业和武汉理工大学合作，引进了世界上首条浮法微晶玻璃生产线，引导产业向绿色环保方向转型。此外，工信局还计划促进县内 6 家大型铅酸电池企业合作，合资建立固废处理厂。可以说，宜丰县绿色经济的崛起，是生态统领的成就，亦是统筹生态文明和经济发展的结果。

（二）统筹生态文明与社会稳定

一些民生产业与农民家庭的生计密切相关，处理不当会影响社会稳定。在生态文明建设中，“散乱污”企业的治理是难点。这些企业的规模比较小，多数是家庭经营的作坊式企业，分散在各个乡镇，难以进行有效监控。这些企业的税收贡献虽然有限，却和农民的生产生活存在紧密的联系，具有很强的民生属性。概言之，民生产业具有以下一些特点：用工形式比较灵活；以农产品为生产原料；高度嵌入在农民的家庭生计模式中。

这类“散乱污”企业多属于非正规经济，是农村留守劳动力的重要就业渠道。在宜丰县和广大中西部农村，有相当部分劳动力由于家庭再生产、竞争力下降等原因留守农村，进行“半耕半工”生产。一方面，非正规经济的萎缩，不仅会影响农民的家庭生计，也会引发社会不稳定问题。另一方面，非正规经济中的小企业盈利能力有限，无力安装环保设备。如此，如果严格执行环保政策，关停这些小企业，势必会引发社会稳定问题。

在宜丰县，最典型的非正规经济产业是竹木加工产业。宜丰县是全国竹木之乡，竹木蓄积量在全国排名第三，从20世纪80年代开始县级政府就大力鼓励发展竹木产业。为了取材方便，竹木企业多分布在集镇和村庄，主要生产竹木板材、竹筷等产品，技术门槛较低，企业规模普遍较小。竹木企业雇用的工人主要是40~60岁的留守村庄的中老年人，这部分人一般在家带孙子，有较多的闲暇时间。为此，竹木企业一般按小时结算工资，用工灵活，这使农民可以兼顾工作和家庭。

县级政府必须统筹生态文明与社会稳定，防止机械执行环保政策引发次生治理问题。为此，宜丰县对于非正规经济提出了“疏堵结合”的治理方针，采用了“三个一批”的治理方案。一是升级一批，对大型的竹木加工企业引导其转型升级。二是搬迁一批，距离生活区和保护区较近的搬迁至合适地点。三是关停一批，拒不安装基本环保设施的强制其关停。

宜丰县最初的设想是将竹木加工企业的化学加工环节集中在工业园区建一个大厂，但这势必造成企业生产经营的不便。经过反复论证，政府主导引进了新的生产工艺，将蒸煮工艺转变为熏染工艺，降低了污染水平。在此基础上，宜丰县对竹木企业提出了两个要求：一是补办环评手续；二是安装基本的环保设施。

宜丰县在统筹生态文明和社会稳定工作过程中的重要启示是，要把上级精神和地方实际结合起来，政策执行既要有原则性，又要有灵活性。简单而言，“环保工作不单纯”。环保工作和其他工作存在紧密的关联，相互之间会产生影响，如果不顾实际，一味强推，就会刺激出新的问题出来。把握好环保与社会稳定的平衡，是生态文明建设可持续进行的前提。

（三）生态文明建设投入与产出的均衡

环保标准越高，治理成本也越高。生态文明是一项公共品，需要算好投入和产出这笔账。这背后的问题是，环保标准的尺度何在，是否可持续。2016～2018 年，宜丰县的生态环保投入总计 12.08 亿元，其中本级财政投入 5 亿多元，其余为上级补助。2018 年，宜丰县的财政收入为 20.5 亿元，一般公共预算收入为 12.78 亿元，而每年的“保工资、保运转、保基本民生”的“三保”支出超过 10 亿元，逐年在刚性增长，可见，宜丰县本级财政基本上是“吃饭财政”，无论是搞发展，还是进行生态文明建设，都需要依靠上级补助资金。面对“吃饭财政”的现实，高投入充分体现了宜丰县对生态文明建设的高度重视。

提高生态文明建设投入效率的关键是，在人口向县城集聚的背景下，环保投入在城乡之间如何均衡布局。宜丰县是一个山区，面积为1935平方公里，总人口近30万。其中，县城建成区为15平方公里，常住人口9万人。绝大多数农村人口居住在乡村，且常住人口数量大大少于户籍人口数量。一般而言，县城的人口聚集度比较高，公共品供给存在历史短板。并且，近几年农民具有强烈的城市化意愿，环保公共品投入效率是比较高的。现在的问题是，乡村的环保公共产品是否按照城市的标准投入？若按照同等标准投入，由于乡村人口分散，公共品供给的投入产出比一定是非常低的。另外，由于乡村常住人口有限，环保公共品的运行成本也比较高。简言之，农村的环保公共品供给面临两大难题：一是投入产出比低；二是运营维护难。

因此，农村垃圾处理、污水处理等公共品投入，需要遵循梯次推进、因地制宜的原则。宜丰县绝大多数的集镇人口只有1000～2000人，垃圾、生活污水的污染程度比较低，生态自净能力较强。2014年，宜丰县有9个乡镇建设了污水处理设施。这些污水处理设施虽然标准比较低，但是成本也比较低，一年只需要几万元的运行成本。2017年宜春市下发了《集镇生活污水治理三年行动计划》，提出位于昌铜高速沿线4县的所有集镇都要建设较高标准的污水处理设施。为此，宜丰县每个乡镇（靠近县城的2个乡镇除外）投入600万元，共计8400万元开展此项工作。新的污水处理设备还未投入使用，但提标之后的污水处理设施运行成本大幅提升，如何在政府和居民之间建立合理的成本分摊机制，还需要探索。

不过，宜丰县的乡村垃圾处理办法，为我们提供了有益的启示。2019年宜丰县将16个乡镇（场）的环卫工作发包给一家保洁公司，费用由县政府承担60%、乡镇（场）承担40%，乡镇（场）的资金来源是向农民收费。服务乡村的保洁公司，城管局与其签订总合同，由城管局和乡镇（场）同时对其进行考核，考核结果各占50%的权重。保洁公司的服务范围包括乡镇集镇和各行政村的路面以及河道。成本分担既调动了农民的积极性，也提高了其责任心。

二　统分结合的生态文明建设工作体系

宜丰县以“生态立县”，提出建设“大美生态、科技文明”新宜丰的口号，高位推进生态文明建设。“生态立县”不仅是地方治理理念的转变，也是地方治理体系的重大变革。这几年的生态文明建设示范工作，宜丰县通过改革机构、完善制度、推进项目建设、打造示范样板，探索出了一条“统分结合”的生态文明建设新路径。

（一）生态统领，部门响应

宜丰县的生态统领工作，首先从完善生态文明建设的工作体系入手。一是高位推动。县委、县政府成立生态环境保护委员会（简称“环委会”），县委书记和县长任环委会主任（实行双主任制）。环委会下设10个专业委员会，专业委员会由政府的不同领导负责协调和调度。10个专业委员会下设30个专项行动，专项行动落实到各个部门，由部门具体负责。如此，宜丰县达成了“管行业必须管环保，管发展必须管环保”的共识，各个部门所涉及的生态文明建设工作共同构成了当地生态治理的格局。

宜丰县生态环境建设工作体系

序号	专业委员会	专项行动名称	牵头单位
1	绿色发展	长江经济带“共抓大保护”攻坚战	发改委
2	河湖水库生态环境保护	鄱阳湖生态环境专项整治攻坚战	水利局
3	城市污染防治	城市扬尘治理专项行动	城管局 住建局
4	城市污染防治	城市餐饮油烟治理专项行动	城管局
5	大气污染防治	工业废气治理专项行动	生态环境局
6	交通运输污染防治	柴油货车污染治理专项行动	交警大队 交通运输局 生态环境局
7	大气污染防治	农作物秸秆综合利用与禁烧专项行动	生态环境局 农业农村局
8	城市污染防治	城市烟花鞭炮禁放专项行动	公安局
9	水污染防治	县级以下地表水和地下水饮用水水源地环境保护专项行动	生态环境局
10	河湖水库生态环境保护	消灭Ⅴ类及劣Ⅴ类水专项行动	水利局
11	城市污染防治	城市黑臭水体整治专项行动	城管局
12	城市污染防治	城镇生活污水处理专项行动	城管局 住建局
13	水污染防治	入河排污口整治专项行动	生态环境局
14	城市污染防治	城镇生活垃圾处理专项行动	城管局
15	土壤污染防治	农用地污染防治专项行动	农业农村局
16	土壤污染防治	建设用地污染防治专项行动	生态环境局
17	土壤污染防治	危险废物处置专项行动	生态环境局
18	自然资源保护	自然保护区整治专项行动	林业局
19	自然资源保护	矿山开发整治专项行动	自然资源局
20	自然资源保护	湿地保护专项行动	林业局
21	自然资源保护	野生动物保护专项行动	林业局 畜牧水产局

续表

序号	专业委员会	专项行动名称	牵头单位
22	工业污染防治	工业园区环保基础设施建设专项行动	工业园区管委会 生态环境局
23	工业污染防治	化工污染整治专项行动	生态环境局 工信局 发改委 应急管理局
24	工业污染防治	工业企业达标排放专项行动	生态环境局
25	工业污染防治	淘汰落后产能专项行动	工信局 发改委
26	工业污染防治	散乱污企业整治专项行动	生态环境局 工信局 发改委
27	农业农村污染防治	畜禽养殖污染治理专项行动	畜牧水产局
28	农业农村污染防治	水产养殖污染治理专项行动	畜牧水产局
29	农业农村污染防治	农药化肥污染治理专项行动	农业农村局
30	农业农村污染防治	农村生活垃圾和污水处理专项行动	农业农村局 城管局

二是充实机构。2017 年，宜丰县正式成立县生态文明建设办公室（简称“生态办”）。生态办是县委、县政府统筹推进生态文明建设的综合协调机构，生态办的主要工作包括：①督导、考核部门和乡镇的生态文明建设工作；②全县生态文明建设信息的收集、发现、整合、汇总、筛选、过滤和上报，发挥信息沟通和反馈的作用；③具体统筹协调跨部门的生态文明建设工作。概言之，生态办的成立使得生态文明建设有了组织载体，实现了县域范围内生态文明建设工作的制度化协调。

三是职能转换。其核心是将生态文明建设融入职能部门工作中去，实现部门职能的“生态文明化”。除了生态环境局等少数部门，如何将生态文明建设融入业务工作中去是一项全新的课题。宜丰县充分发挥示范优势，鼓励各部门创新工作方式。宜丰经验的重要成果是，生态文明建设的“部门响应”落到了实处，生态文明建设融入了日常工作中。一方面，各部门都承担了生态文明建设的项目建设；另一方面，各部门都在生态办的统筹下做好生态文明建设的基础工作。比如，招商、环保等部门，在生态文明建设的统领下，将绿色产业培育作为工作重点；农业、民政、水利、住建等部门，在农村人居环境治理方面发挥了重要作用。

从治理实践看，生态文明建设的一个重要特征是，其涵盖的范围比较广，既很难依靠既有的部门职责加以推进，也很难依靠临时性的、运动式的中心工作模式推进，而是要创造一种“生态统领、部门响应”的全新的工作模式。

从宜丰县经验看，“生态统领”的关键在于生态办的实体化。生态办是一个综合性的协调机构，在生态文明建设中对各个单位提出了三个总体要求：一是要求各部门的工作自主向生态文明靠拢；二是每个月将自己部门与生态相关的材料交到生态办进行汇总分析；三是各个部门负责推动生态文明示范创建并接受生态办的督导。

这表明，宜丰县的生态文明建设工作是以一种“统分结合”的模式来展开的。“分”的地方在于，生态文明建设并不寻求职能部门力量的集中；“合”的地方在于，所有工作需要统一在生态文明建设的主旨之下。这种工作模式可将其称为分散式中心工作模式。在分散式中心工作模式中，中心工作只有宗旨上的统筹，没有实际内容上的统筹，决策权和行动力高度分散。其特征是，以“条线”为主开展工作，各个职能部门分别承担生态文明建设任务，然后由生态办进行形式化统筹，实现了职能部门常规工作的“生态文明化”。

在生态文明理念的统领下，职能部门的常规工作不受影响，部门有较大的弹性空间，这在很大程度上避免了生态文明工作对部门的冲击，避免了极端化和颠覆性的运动性治理。

（二）项目统筹，重点突破

生态统领不仅需要通过治理理念的转换、工作机制的保障来实现，还需要落实到具体行动中去。宜丰县的自然生态条件虽然比较好，但生态文明建设的基础设施的历史欠账却比较多。因此，宜丰县通过一系列生态建设项目的推进，在较短的时间内突破了生态文明建设的瓶颈。

具体而言，宜丰县在省里的统一部署下，各个部门围绕三大攻坚战、八大标志性战役和 30 个专项行动展开生态文明建设。通过专项行动，宜丰县建立了一套基于项目统筹的生态文明建设重点突破机制。

一是通过专项行动，明确了生态文明建设的范围和重点。生态文明建设涉及面广，部门交叉职能比较多，通过专项行动，确定了水、气、土等治理重点，使生态文明建设有了重点。

二是通过专项行动，协调了条块关系。宜丰县污染防治攻坚战建立在多层次的条块协调关系上。在最高层次上，以县生态环境保护委员会为指挥机构；中间层次以十个专业委员会为协调机构；在执行层面，则建立在牵头单位和配合单位的条块结合基础上。本质上，专项行动重构了条块之间的关系，弥补了日常治理工作中条块分割的问题。

三是通过重点项目，将专项行动落到实处。县委、县政府千方百计筹措资金，将其投入一批重大生态文明建设项目，提升了生态文明建设在县域发展中的地位。重点项目的开展，不仅在短期内弥补了生态文明建设的短板，而且为生态文明建设的可持续性探索出了道路。可以说，几乎每一个项目的成功运转，都离不开一套合理的可持续的体制机制的创新。比如，污水处理的长效化，在于建立了严密的污水监测和执法体系；乡村环境卫生的建设，在于建立了政府、企业和农民之间的利益连接机制；生态警察中心的建设，也建立在执法力量的整合和生态文明建设网格化管理的基础之上。

我们认为，宜丰经验的重要启示是生态文明建设过程始终坚持了“硬件”和“软件”、短期投入和长期维护相结合的原则。生态文明建设并不仅仅表现为资金的投入，更表现为一系列体制和机制的创新，政府行为和群众生产生活方式都在其中潜移默化地发生了改变。

（三）疏堵结合，防治并重

宜丰经验的另一个重要启示是，环境治理要坚持疏堵结合、防治并重，工信部门寻找发展和环保之间的黄金分割线就是这一经验的典型表现。事实上，宜丰县不仅在工业污染防治中寻找黄金分割线，在整个生态文明建设中都在力图找到黄金分割线。

疏堵结合、防治并重的具体经验包括：①抓重点行业，比如，工业污染治理中，化工类、陶瓷类是重点。②抓大放小，能生存的让其生存，遵循市场规律。比如，竹木加工产业实行“三个一批”政策。③引导企业建章立制。④树立环保理念和采取环保措施。⑤对市容市貌和村容村貌进行改善。

在实际工作中，行业主管部门与生态环境部门进行视角互换，加强联动。①换位思考。政府职能部门对企业发展不是一味地管制，而是以引导为主。②求同存异。不同部门之间，企业和政府之间加强协调，依法与科学行政。③因地制宜。尽力让上级的要求和地方特色/条件相结合，创造性地开展生态文明建设。

总体上，疏堵结合、防治并重的生态文明建设经验，已经潜移默化地改变了宜丰县的治理方式。一方面，政府制定绿色产业发展目录，实现了从招商引资到招商选资的转变，把生态文明建设作为经济发展的前置条件。另一方面，生态文明建设也在客观上迫使部门之间加强合作，积极构建良好的营商环境。

三　启示

宜丰县在生态文明建设中创造性地发挥了地方主观能动性。宜丰经验的方法论基础是，县域作为一个完整的治权单元，在生态文明建设过程中起到了承上启下的作用。这就意味着，县域生态文明建设的核心不是机械地执行上级的环保政策，而是把各项任务放在县域治理单元中去衡量、排序、重组和优化，在完成上级政策的同时，确保地方经济社会的均衡发展。

首先，在县域治理理念中，明确生态文明建设的建设性与发展性。生态建设并不意味着要弱化经济建设，更不能破坏经济建设，而是要让经济建设生态化，倡导绿色发展。

其次，生态文明建设意味着县域治理要走可持续发展之路，最终实现人与自然的和谐相处。因此，生态文明建设并不是阶段性工作，而是需要长期坚持，也需要长期规划的工作。

最后，生态文明建设也是在培养新风尚。生态文明是一种理念，需要政府、企业、群众等多元主体的参与，让“生态文明”变成一种社会氛围和新时尚。

附　录

一　宜丰县生态文明建设相关政策文件汇总（2016～2020年）

类别	序号	文件名称	文号	发布时间
生态保护治理类	1	《宜丰县环境问题集中整治工作实施方案》	宜党发〔2017〕5号	2017.3.10
	2	《宜丰县防治劣Ⅴ类水工作方案》	宜府发〔2017〕12号	2017.7.5
	3	《宜丰县禁养区畜禽养殖场拆除专项行动方案》	宜党办发〔2017〕44号	2017
	4	《加快推进畜禽养殖废弃物处理和资源化利用的实施意见》	宜府办发〔2017〕82号	2017
	5	《宜丰县土壤污染防治工作方案》	宜府发〔2017〕14号	2017.11.16
	6	《宜丰县县级饮用水水源地存在问题综合整治方案》	宜府办发〔2017〕107号	2017.11.23
	7	《宜丰县水库环境综合整治工作方案》	宜府办发〔2017〕118号	2017.12.14
	8	《宜丰县公路路域环境及交通秩序综合整治工作方案》	宜府办字〔2018〕13号	2018.2.28
	9	《宜丰县贯彻落实〈江西省长江经济带“共抓大保护”攻坚行动工作方案〉的行动方案》	宜党办发〔2018〕33号	2018.8.9
	10	《进一步加强环境监管执法工作的实施意见》	宜府办发〔2018〕66号	2018.8.20

续表

类别	序号	文件名称	文号	发布时间
	11	《2018年全县非法采砂专项整治月活动实施方案》	宜水务字〔2018〕60号	2018. 8. 20
	12	《宜丰县鄱阳湖生态环境专项整治工作方案》	宜党办发电〔2018〕196号	2018. 9. 30
	13	《宜丰县“厕所革命”三年攻坚行动方案》	宜府办字〔2019〕16号	2019. 2. 1
	14	《宜丰县蓝天保卫战2018－2019年冬季攻坚行动方案》	宜府办字〔2019〕12号	2019. 2. 22
	15	《2019年度鄱阳湖生态环境专项整治水域采砂联合整治实施方案》	宜采组发〔2019〕1号	2019. 4. 25
	16	《宜丰县深化环境监测改革　提高环境监测数据质量实施办法》	宜党办字〔2019〕69号	2019. 5. 13
	17	《宜丰县污染防污攻坚战八大标志性战役总体工作方案》	宜环委会字〔2019〕1号	2019. 5. 23
	18	《宜丰县2019年生活垃圾分类和减量工作实施方案》	宜府办发〔2019〕28号	2019. 6. 27
	19	《宜丰县2019－2020年秋冬季大气污染防治攻坚行动方案》	宜环委会办字〔2019〕42号	2019. 12. 4
	20	《关于加强砂石资源经营管理的实施意见（试行）》	宜党办字〔2019〕41号	2019. 12. 25
	21	《宜丰县地下水污染防治实施方案》	宜环委办字〔2020〕4号	2020. 1. 2
	22	《宜丰县工业污染防治攻坚战五个专项行动2020年工作方案和实施方案》	宜环工委办字〔2020〕1号	2020. 4. 3
	23	《关于在刑事案件办理中强化天然阔叶林保护的实施办法》	宜林字〔2016〕15号	2016. 2. 22
绿色发展制度类	24	《关于加快推进生态＋大健康产业发展实施方案》	宜党办发〔2016〕7号	2016. 3. 27
	25	《宜丰县全面推行河长制工作方案》	宜党办发〔2017〕43号	2017. 6. 22
	26	宜丰县绿色工业发展规划（2017－2026年）		2017. 8

续表

类别	序号	文件名称	文号	发布时间
	27	《建立完善生态保护补偿机制的实施意见》	宜府办发〔2017〕102号	2017. 11. 17
	28	《宜丰县2017年领导干部自然资产离任审计工作（试点）方案》	宜府办发〔2017〕113号	2017. 12. 6
	29	《宜丰县生态警察中心工作机制》	宜党办发〔2017〕65号	2017. 12. 6
	30	《关于深入贯彻落实〈国家生态文明建设试验区（江西）实施方案〉的实施意见》	宜党发〔2017〕22号	2017. 12. 18
	31	《关于四年翻一番决战工业600亿的实施意见》	宜党发〔2018〕2号	2018. 1. 25
	32	《宜丰县中心城区烟花爆竹燃放管理暂行规定》	宜府办发〔2018〕28号	2018. 3. 4
	33	《关于探索国家生态文明试验区建设宜丰解决方案的实施意见》	宜党发〔2018〕7号	2018. 3. 8
	34	《关于调整宜丰县生态文明先行示范县建设领导小组的通知》	宜党办字〔2018〕18号	2018. 3. 26
	35	《关于实施乡村振兴战略的意见》	宜党发〔2018〕11号	2018. 3. 29
	36	《宜丰县党政领导干部生态环境损害责任追究实施细则（试行）》	宜党办发〔2018〕16号	2018. 4. 10
	37	《关于进一步加强工业园固体废物管理的意见（试行）》	宜党发〔2018〕15号	2018. 5. 28
	38	《关于开展宜丰县领导干部自然资源资产离任审计的实施意见》	宜党办字〔2018〕50号	2018. 6. 26
	39	《宜丰县关于加快推进殡葬改革工作的实施方案》	宜党办发〔2018〕31号	2018. 7. 18
	40	《宜丰县创建全国文明城市三年行动方案（2018－2020年）》	宜党办发〔2018〕35号	2018. 8. 14
	41	《引导企业创新管理提质增效的实施意见》	宜府办发〔2018〕67号	2018. 8. 21
	42	《宜丰县生态文明建设目标考核办法（试行）》	宜党办发〔2018〕39号	2018. 8. 26

续表

类别	序号	文件名称	文号	发布时间
	43	《宜丰县创建国家卫生县城工作实施方案》	宜党办发〔2018〕38号	2018.9.4
	44	《宜丰县推行惠民殡葬政策实施细则》	宜府办发〔2018〕76号	2018.9.26
	45	《宜丰县实施湖长制工作方案》	宜党办字〔2018〕87号	2018.9.30
	46	《关于大力实施“四精”工程积极创建“精美示范县”的实施方案》	宜党办发〔2018〕43号	2018.11.22
	47	《宜丰县农村人居环境三年行动实施方案》	宜党办发〔2018〕44号	2018.12.4
	48	《宜丰县全面推行林长制工作实施方案》	宜党办字〔2018〕110号	2018.12.20
	49	《宜丰县林长制县级会议制度等五项制度》	宜府办发〔2018〕91号	2018.12.21
	50	《宜丰县打赢蓝天保卫战三年行动计划（2018－2020）》	宜府办字〔2019〕13号	2019.2.22
	51	《宜丰县创建国家生态文明建设示范县工作方案》	宜党办发〔2019〕25号	2019.6.3
	52	《宜丰县秀美示范村庄“4＋X”建设管护运营考核奖惩暂行办法》	宜党办发〔2019〕26号	2019.6.6
	53	《宜丰县2019年“整洁美丽、和谐宜居”新农村精神实施方案》	宜党发〔2019〕9号	2019.6.24
	54	《宜丰县中心城区城市功能与品质提升三年行动方案》	宜党办字〔2019〕78号	2019.7.11
	55	《宜丰县美丽宜居示范县创建工作实施方案》	宜党办发〔2019〕37号	2019.9.9
	56	《宜丰县中心城区声环境功能区划分方案》	宜府办发〔2020〕14号	2020.4.10
	57	《宜丰县生态文明建设网格化服务管理实施方案》	宜党办发〔2020〕7号	2020.4.19

（统计截至2020年4月）

二　宜丰县获得省部级以上奖项和荣誉汇总（2016～2020年）

序号	级别	奖项或荣誉名称	授牌机构	获评时间	备注
1	国家级	全国文明城市提名城市	中央文明办	2015.3 2018.12	
2	国家级	全国绿色模范先进单位	全国绿化委员会	2016	黄岗山垦殖场
3	国家级	国家全域旅游示范区创建单位	国家旅游局	2016.10	
4	国家级	宜丰蜂蜜农产品地理标志	农业农村部	2016	
5	国家级	中国全域旅游魅力指数排行县	人民网与《国家人文历史》杂志社	2017.8	
6	国家级	全国生态文化村	中国生态文化协会	2017.12	潭山镇店上村、潭山镇院前村、天宝乡天宝村
7	国家级	全国十佳美丽宜居小镇	新华社、半月谈杂志社、人民日报社《民生周刊》杂志社、中国国情调查研究中心	2018.04	新昌镇
8	国家级	中国最美县域	中国（深圳）文博会	2018.5 2019.5	
9	国家级	建筑装饰浮法微晶玻璃项目获第三届“中国创翼”创业创新大赛一等奖	国家人社部、国家发展改革委、科技部、共青团中央、中国残联	2018.10	
10	国家级	中华蜜蜂之乡	中国养蜂学会	2018	

续表

序号	级别	奖项或荣誉名称	授牌机构	获评时间	备注
11	国家级	中国美丽乡村百佳范例	中国美丽乡村百家范例宣传推介活动组委会	2018	黄岗山垦殖场炎岭村
12	国家级	第五批中国传统村落	住建部	2019.6	潭山镇龙岗村、潭山镇店上村、芳溪镇下屋村
13	国家级	首批美丽中国深呼吸小城高质量发展实验区	中国国土经济学会	2019.7	
14	国家级	最美中国旅游县	国际旅游联合会	2019.9	
15	国家级	全国森林康养基地试点建设县	中国林业产业联合会	2019.10	
16	国家级	全国综合实力千强镇	中小城市发展战略研究院	2019.10	潭山镇
17	国家级	中国工业影响力品牌（宜丰制造）	中国工业论坛	2019.10	“竹可健”饮料品牌
18	国家级	第二批国家农产品质量安全县	农业农村部	2019.11	
19	国家级	国家卫生县城	全国爱国卫生运动委员会	2020.7	
20	国家级	国家生态文明建设示范县	生态环境部	2019.11	
21	国家级	中国美丽休闲乡村	农业农村部	2019	黄岗山垦殖场炎岭村
22	国家级	中国农产品区域公用品牌	中国农产品市场协会	2019	
23	国家级	国家森林乡村	国家林业和草原局	2020.2	黄岗山垦殖场炎岭村、潭山镇洑溪村、天宝乡平溪村、新昌镇良田铺村

续表

序号	级别	奖项或荣誉名称	授牌机构	获评时间	备注
24	国家级	国家4A级旅游景区	江西省旅游景区等级评定委员会	2015.2	九天国际生态旅游度假区
25	国家级	国家4A级旅游景区	江西省旅游景区等级评定委员会	2020.7	洞山景区
26	国家级	国家3A级景区	江西省旅游景区等级评定委员会	2017.12	东方禅文化园
27	省级	江西省生态文明先行示范县	江西省委、省人民政府	2015.10	
28	省级	江西省“一村一品”示范村	江西省农业农村厅	2016	黄岗山垦殖场炎岭村
29	省级	第一批传统村落	江西省住房和城乡建设厅	2017.7	潭山镇龙岗村
30	省级	省级森林城市	江西省绿化委	2017.12	
31	省级	江西省3A级乡村旅游点	江西省旅游景区等级评定委员会	2017.12	新农人民宿庄园
32	省级	江西省现代服务业集聚区	江西省发改委	2017.12	红商城
33	省级	省级绿色有机农产品示范县	江西省农业农村厅	2018.3	
34	省级	第二批省级绿色低碳试点县	江西省发改委	2018.7	
35	省级	江西省4A级乡村旅游点	江西省旅游景区等级评定委员会	2018.12	炎岭村
36	省级	江西省3A级乡村旅游点	江西省旅游景区等级评定委员会	2018.12	禅镜洞山、醉美平溪
37	省级	江西省第五批村史馆	江西省文明办	2019	炎岭村

续表

序号	级别	奖项或荣誉名称	授牌机构	获评时间	备注
38	省级	2019年获全省中蜂蜜大赛金奖	江西省养蜂研究所、江西省蜂业技术推广站	2019	宜丰长青养蜂园树参蜜
39	省级	全省首批美丽宜居试点县	江西省农业农村厅	2019.7	
40	省级	全省农村垃圾分类减量和资源化利用试点县	江西省住建厅	2019.8	
41	省级	第二届江西十大秀美乡村之锦绣村	江南都市报等	2019.9	石市镇刘家自然村、花桥乡杨门桥
42	省级	耕地责任保护目标考核“优秀县”	江西省人民政府	2019.10	
43	省级	2018－2019年度全省“绿色社区 美丽家园”创建活动示范社区	江西省民政厅	2019.12	流源社区、花门楼社区、崇文社区
44	省级	江西省4A级乡村旅游点	江西省旅游景区等级评定委员会	2019.12	石市镇宋风刘家、新昌镇鱼乐新桥
45	省级	生态警察中心创新经验入选《江西生态文明改革》示范经验	江西省发改委	2019.12	
46	省级	第四批“江西省生态文明示范基地”	江西省生态文明建设领导小组办公室	2020.1	九天国际生态旅游度假区
47	省级	江西省首批省级森林康养基地	江西省林业局、江西省民政厅、江西省卫生健康委员会、江西省中医药管理局	2020.4	九天国际森林康养基地
48	省级	江西省5A级乡村旅游点	江西省旅游景区等级评定委员会	2020.6	黄岗山垦殖场炎岭村·九趣乐园

（数据截至2020年7月）

图书在版编目（CIP）数据

生态统领　全域响应：生态文明建设的“宜丰示范”/武汉大学中国乡村治理研究中心课题组著. -- 北京：社会科学文献出版社，2020.9

ISBN 978 - 7 - 5201 - 7123 - 6

Ⅰ.①生…　Ⅱ.①武…　Ⅲ.①生态环境建设 - 研究 - 宜丰县　Ⅳ.①X321.256.4

中国版本图书馆 CIP 数据核字（2020）第 153159 号

生态统领　全域响应

——生态文明建设的“宜丰示范”

著　　者 / 武汉大学中国乡村治理研究中心课题组

出 版 人 / 谢寿光
责任编辑 / 任晓霞

出　　版 / 社会科学文献出版社 · 群学出版分社（010）59366453
　　　　　地址：北京市北三环中路甲 29 号院华龙大厦　邮编：100029
　　　　　网址：www.ssap.com.cn
发　　行 / 市场营销中心（010）59367081　59367083
印　　装 / 三河市东方印刷有限公司

规　　格 / 开　本：787mm × 1092mm　1/16
　　　　　印　张：17.5　插　页：5　字　数：207 千字
版　　次 / 2020 年 9 月第 1 版　2020 年 9 月第 1 次印刷
书　　号 / ISBN 978 - 7 - 5201 - 7123 - 6
定　　价 / 119.00 元